主编 张奇春

BASIC SOIL SCIENCE

基础土壤学

浙江大学出版社
ZHEJIANG UNIVERSITY PRESS

· 杭州

图书在版编目（CIP）数据

基础土壤学 / 张奇春主编. -- 杭州 ： 浙江大学出版社，2023.8
ISBN 978-7-308-23896-0

Ⅰ．①基… Ⅱ．①张… Ⅲ．①土壤学－教材 Ⅳ.①S15

中国国家版本馆CIP数据核字(2023)第105238号

基础土壤学
JICHU TURANGXUE

主　编　张奇春

责任编辑　秦　瑕

责任校对　徐　霞

封面设计　林智广告

出版发行　浙江大学出版社
（杭州市天目山路148号　　邮政编码　310007）
（网址：http://www.zjupress.com）

排　　版　杭州林智广告有限公司

印　　刷　杭州高腾印务有限公司

开　　本　787mm×1092mm　1/16

印　　张　10.5

字　　数　187千

版 印 次　2023年8月第1版　2023年8月第1次印刷

书　　号　ISBN 978-7-308-23896-0

定　　价　45.00元

前言 P R E F A C E

　　土壤是人类赖以生存和发展的物质基础，为人类提供了生存栖息之地，也为地球上所有的生物群体提供了生存的环境。土壤学是农业科学的应用基础学科，不同专业学生对土壤学的需求不同，其课程定位和教学目的也不一样。本书根据园艺、茶学、植保、农学等非农业资源与环境专业的实际需要进行编写，牢固树立和践行"绿水青山就是金山银山"的理念，本书可作为环境、资源、林业、植保及其他相关学科的教材或参考书，以推动绿色发展，促进人与自然和谐共生。

　　本书共有十一章。第一章为绪论；第二、三章介绍土壤矿物质、土壤质地和土壤有机质；第四、五章介绍土壤的物理性质及水、气、热状况；第六、七章介绍土壤主要化学性质；第八至十一章介绍土壤的分类与分布、红壤、水稻土及浙江省主要土壤类型。

　　"土壤学"是农业资源与环境专业的核心课，也是园艺、生态、植保、农学等专业的重要专业基础课。本课程理论性和实践性较强，与"作物栽培学"、"耕作学"和"生态学"等课程有密切关系。考虑到不同专业对土壤学的关注内容不同，本着联系专业、联系实际的原则，基于多年对非农业资源与环境专业"土壤学"课程教学的探索和实践，我们编写了本教材，以供园林、生态、植保、农学等专业的本科生使用，也可供从事土肥管理及农技推广中心的相关管理人员参考使用。

　　本书的编写得到了章明奎教授和陈丁江教授的关注与支持，他们提供了宝贵的意见与建议；浙江大学出版社的秦瑕女士在本书的文字、图表及其格式的修改审定方面做了大量工作；研究生刘小婷协助绘制了图表。在此一并表示感谢。

尽管付出了最大努力，但编者水平有限，加之时间仓促，本书内容可能尚不尽如人意。书中定有疏漏与错误之处，敬请读者见谅。同时，望读者能将对本书的意见和建议反馈给我们，以便在本书再版时予以修改。

目录 C O N T E N T S

第一章

绪　论

土壤不仅是人类赖以生存的物质基础，也是人类较早开发利用的生产资料。土壤学是与农业生产密切相关的一门基础学科。土壤学不断地汲取数学、物理学、化学、生物学、农学、地学和技术科学的新理论、新手段和新方法，并将其应用于农业生产和自然资源研究领域。农业生产的发展，给农学包括土壤学提出了许多新的要求，这将有力地推动土壤学的研究、教学和推广工作。

第一节　土壤在农业生产和自然环境中的重要性

一、土壤是植物生长繁育的自然基地

农业生产的基本特点是生产具有生命的生物有机体。其基本任务是生产人类赖以生存的绿色植物。绿色植物生长发育的五个基本要素包括日光、热量、空气（主要是氧气和二氧化碳）、水分和养分。前三种主要来自太阳辐射和大气，叫作宇宙因素。水和养分则是土壤因素，它们主要通过植物根系从土壤中吸取。植物根系呼吸所需要的氧气也是从土壤中得到的。土壤中的氧气通过与大气的气体交换而得到补充。植物能立足于自然界，能经受风雨的袭击，不倒伏，是因为根系生长在土壤中，获得了土壤的机械支撑。这一切都说明，在自然环境中植物的生长繁育必须以土壤为基地。良好的土壤应该使植物能"吃得饱"（养料供应充分）、"喝得足"（水分充分供应）、"住得好"（空气流通、温度适宜）、"站得稳"（根系伸展开、机械支撑牢固）。

二、土壤是农业生产的基本生产资料

　　农业生产是由植物生产、动物生产和土壤管理三个环节组成的整体。植物生产（种植业、林业）主要通过绿色植物的光合作用制造有机物质，把太阳辐射能转变为化学能储存起来。随后，一部分植物产品作为食物而被人和饲养动物利用。人们把植物生产称为初级生产，也叫一级生产、基础生产。动物生产（畜牧业、养殖业）主要是把一部分植物组织或残体作为喂养畜、禽、鱼类的饲料和饵料，以便更充分地利用这些有机物质及其包含的化学潜能，从而得到各种动物性食物（肉类、蛋类、乳类、油脂类等）和其他产品（工业原料、制药材料等）。因此，人们把动物生产称为次级生产。最后，还未充分利用的动植物残体、残渣、下脚料和人畜粪尿作为有机肥料回归土壤。通过土壤管理（耕作、灌溉排水、施用化肥和进行土壤改良等），这些有机肥料变为植物可吸收的土壤养分，重新被下一季植物利用，同时增加和更新土壤有机质，保持和提高土壤肥力。

　　显然，土壤不仅是植物生产的基地，也是动物生产的基地，没有植物生产，就不可能有动物生产和整个农业生产。我们可以用一句话来概括土壤、农业、人类三者之间的关系，就是"民以食为天，食以土为本"。

三、土壤是自然环境的重要组成部分

　　在陆地表面，人类或生物生存的环境称为自然环境。通常把地球表层系统中的大气圈、生物圈、岩石圈、水圈和土壤圈作为构成自然地理环境的五大要素（图1-1）。其中，土壤圈（pedosphere）指地球表层连续或间断分布的土壤。土壤圈覆盖于地球陆地的表面，处于其他圈层的交接面上，成为连接它们的纽带，是连接无机界和有机界（即生命和非生命）的中心环节。大气圈指围绕地球的空气。土壤与大气在近地球表层进行着频繁的水、气、热的交换和平衡。土壤向大气释放 CO_2、CH_4 和 NO_x 等痕量气体。大气中大约有 70% 的 CH_4 和 90% 的 N_2O 来自土壤，它们参与碳、氮等元素的全球循环。生物圈指地球环境中的活的有机物质，包括动物、植物、微生物在内的全部生物群落。地球表面的土壤不仅是高等动植物乃至人类生存的基地，也是地下部分微生物的栖息场所。土壤微生物有着庞大的单体数量和最复杂的生物多样性。每千克土壤含有数千亿个微生物细胞，包含大量的、不同的微生物种群。它们分解废弃物、降解有机污染物、调节养分有效性，是参与碳、氮、硫、磷等地表元素生物地球化学循环的主要驱动力。水圈是地球中或接近地球表层的水体，以海洋水为主。海洋覆盖地球表面的 70%，约占水圈总水量的 97%。水是地球各圈层物质迁移的介质，也是地球表层一切生命生存的源泉。土壤的高度非均质性，影响降雨在地球陆地和水体的重新分配，影响元素的表生地球化学行为及水圈的化学成分。虽然地球的水资源丰富，但淡水资源不足。我国可利用淡水资源更少。除江河、湖泊外，土壤是保持淡水的最大储库。岩石圈指地球固体部分的外层，土壤是岩石风化过程和成土作用的产物。从地球圈层位置看，土壤位于岩石圈与生物圈之间，属于风化壳的一部分。虽然土壤的厚度只有 1～2m，但它作为地球"保护层"，对岩石圈起着一定的保护作用，可减少其被各种外引力破坏。

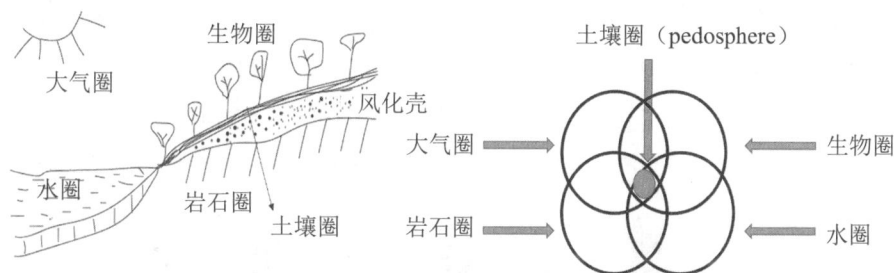

图 1-1　土壤圈与其他圈层的关系

四、土壤是珍贵的自然资源

资源是可供人类开发利用并具有应用前景和价值的物质。可以认为土壤资源是具有农、林、牧业生产力的各种类型土壤的总称。在人类赖以生存的物质生活中，人类消耗的 80% 以上的热量，75% 以上的蛋白质和大部分的纤维都直接来自土壤。所以土壤资源和水资源、大气资源一样，是维持人类生存与发展的必要条件，是社会经济发展基本的物质基础。土壤资源作为一个深受人类长期生产实践影响的独立的历史自然体，具有一系列的自然经济特点。第一，土壤资源具有再生性且质量具有可变性。这里的再生性指科学地对土壤用养结合，完全有可能保持土壤肥力。而且随着科学技术的进步，单位面积生物生产能力得到提高，从这一方面看，土壤与大气、生物一样被称为可再生资源，所谓"治之得宜，地力常新"。第二，土壤资源数量是有限的。虽然土壤资源与光、热、水、气资源一样，被称为可再生资源，但从上壤的数量来看它又是不可再生的，是有限的自然资源。地球表面形成 1cm 厚的土壤，约需要 300 年或更长的时间，所以它不是取之不竭、用之不尽的。我国受海陆分布、地形地势、气候、水分配、人口增长和工业化扩展的影响，耕地土壤资源短缺，后备耕地土壤资源不足，人均耕地将继续下降。土壤资源的有限性已成为制约经济、社会发展的重要问题，有限的土壤资源与人类对土壤总需求之间的矛盾将日益尖锐。第三，土壤资源空间分布较固定。土壤是母岩、生物、气候、地形和陆地年龄等五大自然因素综合作用的结果。由于气候、生物植被在地球表面有一定的规律性，不同生物气候带内分布着不同的地带性的土壤。各种不同类型的土壤在地面空间位置上相对固定，如热带雨林带分布着砖红壤。

我国人均耕地面积少，随着城市化进程的加速，人均耕地面积减少也加快。近年来，我国的耕地面积呈持续性减少趋势，且我国人口众多，人均耕地面积远低于世界人均耕地面积。统计数据显示（图1-2）：2017年我国人均耕地面积仅有1.46亩/人，比世界人均耕地面积（2.89亩/人）少了1.43亩/人，可见中国的人均耕地面积远低于世界平均水平。此外，我国土壤质量不断下降，如土壤的沙化、侵蚀、盐碱化、污染等引起土壤肥力退化，农业生产中土壤贡献率比四十年前下降约10%。

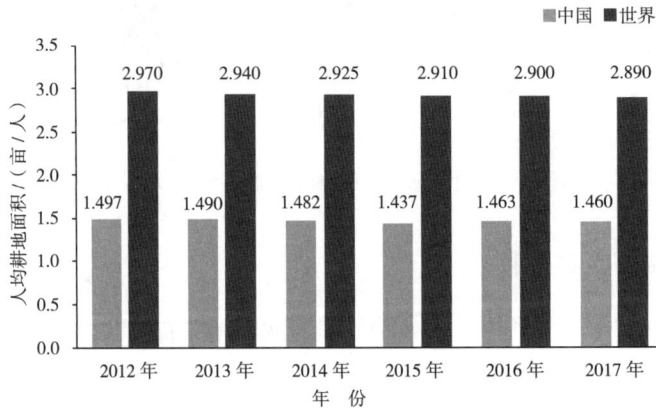

图1-2　中国与世界人均耕地面积情况
（资料来源：中商产业研究院数据库）

第二节　土壤和土壤肥力

一、土壤的概念

关于土壤的概念，不同学科的专家从不同的角度给予了不同的定义。生物学家认为"土壤是地球表层系统中生物多样性最丰富，生物地球化学的能量交换、物质交换最活跃的生命层"；而环境学家认为"土壤是重要的环境要素，是环境污染物的缓冲带和过滤器"；工程专家则把土壤看作承受高强度压力的地基或工程材料的来源。由于不同学科对土壤的概念有着不同认识，要想给土壤一个严格的定义，是很困难的。我国劳动人民早在三四千年以前，已经把土壤按照颜色、质地、水分状况和生产能力进行分类和分级，实行因土种植，并对土壤的含义做了明确的描述。东汉年间的《说文解字》中将土解释为"地之吐生物者也"，壤解释为"柔土也"。这里"吐生物"是说明土壤的本质，表明它具有肥力，能长出作物来。"柔"是土壤的物理性状良好，为肥沃土壤的标志。如今，我们把土壤作为所有自然土壤和农业土壤的总称。土壤学家和农学家认为"土壤是在地球表面生物、气候、母质、地形、时间等因素综合作用下所形成能够生长植物的、处于永恒变化中的疏松矿物质与有机质的混合物"。从这个概念中我们可以看出，土壤的位置在陆地表层，土壤的物理状态是疏松的，土壤的本质是能够产生植物收获。因此，我们可以把土壤的定义简化为"发育于地球陆地表面能够生长绿色植物的疏松多孔结构表层"。土壤是一种历史自然体，它和环境因素处于动态平衡之中，有其自身的发生和发展的过程和历史，是一个形态、组成、结构和功能上可以剖析的物质实体。

二、土壤肥力

土壤是一个有其自身发生发展规律的自然体。它不同于别的自然体，因为它具有肥力。土壤肥力的概念和土壤的概念一样，迄今也尚未有完全统一的看法。西方土壤学家把土壤供应养分的能力看作肥力。我国土壤工作者在学习国外土壤科学理论和总结群众经验的基础上，提出了一个比较明确、完整的土壤肥力概念，即土壤肥力指土壤在植物生长发育的全过程中，不断地供应和协调植物需要的水分、养分、空气、热量和其他生活因素的能力。在水、肥、气、热四大肥力因素中，水、肥、气是物质基础，热是能量条件，它们与土壤的物理化学和生物性质密切相关，因此，也可以说土壤肥力是土壤理化−生物性质的综合反映。土壤肥力是土壤的本质属性，肥沃的土壤能够充足、全面、持续地供给植物所需的各种生活因素，能调节和抗拒各种不良自然条件的影响，还能调节各肥力因素之间存在的矛盾，以达到适应和满足植物生长的要求。因此，土壤中的各种肥力因素不是孤立的，而是相互联系和相互制约的。这说明土壤不是一个简单贮存水分和养分以供植物利用的仓库，它具有相互协调的能力且易于被人工调节。所以土壤肥力是土壤的本质特性，体现了其生命力。土壤有肥力植物就能生长，没有肥力就没有植物的生长。

虽然肥力是土壤的本质的特性，但肥力不是固定不变的。它的发生发展有自己的规律。肥力的高低和演变取决于自然条件与人类的经济活动。特别是科学技术的发展对土壤肥力起着决定性作用。在自然条件下，岩石、矿物的风化产物，经过生物、气候、地形等因素的长期作用，肥力逐步发生与演变，这种未经人类开垦的土壤称为自然土壤。自然土壤具有的肥力称为自然肥力。由于人类尚未干预，所以这种肥力还不能得到充分开发利用，它的发展是很缓慢的。在人类耕作开垦以后，肥力虽然还不能脱离自然因素的影响，但因人类的正确生产活动，肥力的发展大大加快了，迅速发生变化。自然植被为农作物所代替，森林或草原生态系统为农田生态系统所代替。随着耕种时间的延伸，科学技术的应用，生产水平的提高，以及在认识自然土壤肥力演变规律的基础上，通过利用改良培育等农业措施，人类改变了土壤的物质组成，调节了肥力因素存在的矛盾。物质和能量的大量投入，使土壤肥力得以飞跃式发展。在耕作熟化过程（耕作、施肥、灌溉等）中发育而来的肥力称为人工肥力。人工肥力是人类劳动的产物，是在自然肥力基础上发展形成的。

理论上讲，肥力在生产中都可以发挥出来而产生经济效益。但事实上，在农业实践中，由于土壤性质、环境条件和技术水平的限制，只有一部分肥力在当地生产中能表现出来，产生经济效益。这一部分肥力称为有效肥力。而没有直接反映出来的称为潜在肥力。有效肥力和潜在肥力是可以相互转化的，两者之间没有清晰的界限。例如大部分低洼积水的烂水田，虽然有机质含量较高，氮、磷、钾等养分元素的含量丰富，但其有效供应能力较低，对这种土壤就应采取适当的措施，搞好农田基本建设，创造良好的土壤环境条件，以促进土壤潜在肥力转化为有效肥力。

土壤肥力的发展为绿色植物提供了生活条件。但土壤能提供的物质条件总是有限的，如果我们对土壤只取不予，肥力必然下降。因此要保持和提高土壤肥力，必须在保持原有水平的基础上，不断增大投入。一种良好的土壤，既要有较高的潜在肥力，能吸收和保持大量的养分和其他肥力因素，又要求具有较高的有效肥力，能够调节各种肥力因素，在植物整个生产期内不断地适时适地供应水、肥、气、热等生活因素。有的土壤潜在肥力较高，可是有效肥力并不高。而潜在肥力不高的土壤，其有效肥力一般是不会高的。因此我们在进行土壤调查的时候，必须同时考虑这两种肥力状况。

三、土壤肥力与生产力的关系

土壤生产力指土壤生产植物的能力。土壤生产力与土壤肥力是两个相互联系又不同的概念。植物生长得良好与否或产量高低并不完全取决于土壤肥力的高低。因为土壤供给水、肥、气、热的能力不单纯取决于土壤本身，而与当地的外界环境条件关系十分密切。同时植物产量的高低还受大气温度、降水、日照、地形、排灌等条件以及有无污染等因素的影响。高产的土壤必定是肥沃的，但是并不能断定肥沃的土壤一定高产。当土壤肥力充足时，排水不良、虫害、干旱和其他因素也有可能限制作物生产。生产力是在土壤肥力、环境条件和人为因素的综合作用下能产生的经济效益。从这个意义上来看，肥力只是生产力的基础，而不是生产力的全部。肥力因素基本相同的土壤，处在不同的环境条件下，其表现出来的生产力可能相差很大。如干旱地区的肥沃土壤，在没有灌溉设施的经营管理制度下，作物产量在很大程度上取决于当地的年降水量；又如寒冷阴湿的环境常常是冷浸迟发之地，处在这种环境条件下，即使土壤本身肥力的营养因素很优越，土壤生产力也必然不高。区分土壤肥力和土壤生产力这两个不同的概念，对土壤管理和农业生产具有重要意义。它使我们认识到要提高土壤生产力即提高植物产量，既要重视土壤肥力的研究，又要研究土壤与其环境间的相互关系。所以，为了实现农业生产的高产、高效、优质，就必须强调农田基本建设，从而改造土壤环境，提高土壤生产力。

四、土壤的基本物质组成

土壤很复杂，它由固相、液相、气相三相组成。土壤固相包括矿物质和有机质，是养分的贮存场所，为植物提供氮、钾、磷、钙、镁等矿质营养，决定养分的潜在供应能力。土壤液相的主要组分包括水分和溶解在水中的盐类、有机化合物、无机化合物以及最细小的胶体物质，作物生长发育过程中所需要的营养物质，几乎都是从土壤溶液中获得的。土壤气相主要指土壤的空气含量。而土壤空隙及水分含量是决定土壤空气含量的主要因素。若土壤通气不良，土壤中气体所占比例下降，土壤空气中的氧气就会降低，二氧化碳的含量相应会迅速增高，危害作物根系的呼吸作用，严重时可导致作物生长不良，根系腐烂坏死。土壤固相的矿物质颗粒占绝对优势，矿物质占固相颗粒重量的95%左右，有机质大概是土壤固相的5%。从体积来看（图1-3），一般情况下，土壤的固相部分约占50%，液相约占25%，气相占25%。土壤中这三相物质构成了一个矛盾的统一体。它们互相联系，互相制约，为作物提供必需的生活条件，是土壤肥力的物质基础。

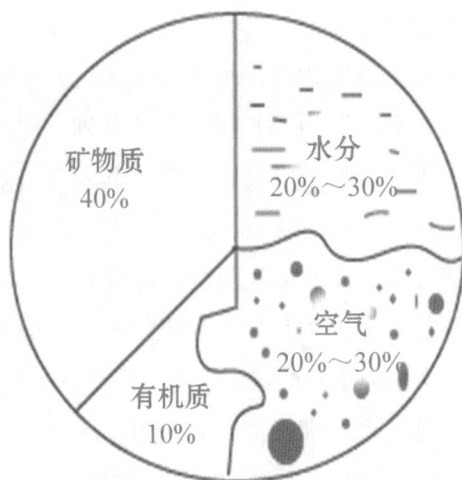

图 1-3　土壤三相组成（容积比）

矿物质
40%

水分
20%～30%

空气
20%～30%

有机质
10%

彩图

第三节　我国土壤科学的发展和任务

一、我国的土壤科学

（一）我国土壤学发展历程

从 17 世纪中叶开始，农业科学探索与试验得到初步发展。以李比希的矿质营养学说（1840）、盖德罗依茨的土壤吸附学说（1848）、法鲁的农业地质学说（1865）、道库恰耶夫的土壤发生学说（1874）和赫尔格德的土壤形成理论（1893）为代表的经典理论奠定了近代土壤科学的发展基础。20 世纪 30 年代，在国外先进土壤科学的传播和指引下，我国于 1930 年 7 月成立中央地质调查所土壤研究室，开展全国土壤调查，这标志着中国近代土壤科学正式创立。自 1930 年 7 月成立土壤研究室，至 1953 年 5 月改建为中国科学院南京土壤研究所的 23 年时间里，中国土壤学家在土壤调查、土壤制图、土壤分类等方面进行了大量卓有成效的工作，为中国土壤科学研究积累了大量的第一手资料。中国科学院土壤研究所的成立，标志着中国土壤科学研究迈入推进时期。

从 20 世纪 50 年代起，中国土壤学家在中国土壤学会的倡导下研究中国各种土壤中的化学、物理、生物学性质及其肥力情况，为生产部门的土地利用和提高作物产量提供基本资料，并开展了大量的土壤资源调查、土壤改良、肥力培育和合理施肥方面的工作。在土壤学基础理论研究方面，该时期的研究主要集中在土壤发生、分类、分布规律和基本性质等方面，并在土壤发生学原理、土壤物理特征、土壤黏土矿物特性、土壤肥力特性、土壤有机质性质、土壤微生物特性和土壤水分运移等方面取得了巨大的研究进展。

改革开放之后，我国土壤研究工作以承担国家科技攻关任务为中心开展了多方面深入研究，主要有黄淮海平原综合治理和合理开发、南方红壤丘陵综合治理及持续发展、太湖平原综合开发、长江三峡工程对生态环境影响及其对策制定等多项国家科技攻关任务。迈入新千年后，中国土壤科学研究通过多学科间的交汇融合，将"人口-资源-环境"作为整体研究系统，以土壤肥力提升与农业可持续发展为研究重点，以土壤资源保护与生态环境建设为研究目标，为中国经济社会的持续发展做出了巨大贡献。

（二）我国土壤学特色

中国土壤科学的发展与国际土壤学发展越来越同步，同时也呈现出中国特色。

（1）土壤学科应用范围更广。土壤学不仅仅应用于农业生产，在国土规划整治、区域环境治理和污染环境修复、生态系统退化防治和应对气候变化等方面的应用也卓有成效。

（2）土壤学受重视程度更强。受中国人均耕地资源少、土地资源利用强度大等因素的影响，土壤学在中国受到前所未有的重视。特别是2016年5月国务院出台了《土壤污染防治行动计划》以后，中国土壤科学研究进入一个新阶段，并向其他学科延伸发展。

中国土壤科学起步虽晚，但发展迅速，为解决国民经济实际问题做出了重要贡献。两次全国土壤普查，初步明确了中国土壤资源的数量和分布规律，促进了土壤分类工作的开展。对中低产田的改造，以及地力提升项目的推广，提高了中国粮食生产能力，特别是成功地治理了黄淮海平原的盐碱土，提高了该地区土壤生产力，改善了生态环境，为中国粮食供应和提高当地农民生活水平做出了重要贡献。土壤养分供应和植物营养研究，测土配方施肥技术的推广以及面源污染控制技术的应用，为中国化肥的普遍施用提供了科学依据，同时，为缓解环境压力、维持生态平衡及可持续发展提供了技术保障。

二、土壤科学的任务

21世纪是以经济、科技为主体的竞争时代，同时人类也继续面临着"人口-资源-环境-发展"的尖锐矛盾。土壤是人类赖以生存、必不可少的主要自然资源，是人类生命的屏障。在这种形势下，土壤科学有着前所未有的发展机遇，也面临着十分严峻的来自农业生产和环境保护等方面的多重挑战。

（一）加强土壤学基础研究

如今，人类面临人口剧增及土地退化两大难题。2022 年世界总人口为 76 亿，发展中国家缺粮达 2 亿吨；世界水土流失面积已达总面积的 16.8%，占耕地的 2.7%，每年还有 7 万公顷土地沙漠化，约有 12 万公顷土地发生次生盐渍化，占耕地面积 10% 的土地沼泽化，以及近 2 亿公顷耕地被侵占，来自土壤的 5 种温室气体排放也有增加的趋势。因此，土壤科学应加强研究土壤圈在地球系统各圈层中物质的迁移及转化规律，其中包括土壤的形成、组合、分布及其物理、化学、生物性质的时空变化，土壤温室效应、土地退化、水土流失及环境污染的机理、本质及其防治等。

土壤学基础理论研究是推动土壤学发展的基础，也是衡量土壤科学发展水平的标志。我们一方面要发挥和保持自己的学科优势，另一方面要注意学科间的相互交叉和渗透，不断丰富研究内容，通过高水平的土壤基础理论研究，争取为土壤学发展做出更多的贡献。

（二）加强应用土壤学研究

食物安全已不是单纯的粮食数量安全了，它包括食物的数量安全、质量安全、经济安全和生态安全。数量安全是食物安全的最基本的要求，即要为日益增长的人口生产出足够的食品。质量安全指生产的食物要有较高的营养质量和安全质量，必须是无公害食品。经济安全指农民要在从事食物生产过程中受益，有较好的经济保障。生态安全就是要在食物的生产过程中不对生态环境产生负面影响，把生态保护好，同时把不同土壤的优势发挥出来，牢固树立和践行"绿水青山就是金山银山"的理念。应该说食物安全的各个层面都与土壤质量和土壤利用密切相关，土壤仍然是新世纪食物安全保障的基础，也是乡村振兴的基石。今后土壤科学工作者的目标和任务就是要为保持和提高土壤质量而不懈努力，为经济发展和社会进步做出更大的贡献，培育健康土壤，助力乡村振兴。

【本章主要知识点】

1.重点理解土壤在农业生产和自然环境中的重要性，树立爱土意识。

2.掌握土壤、土壤肥力的概念与基本特性。

3.了解土壤科学的发展历史和任务。

【思考题】

1.土壤在农业生产和自然环境中的作用主要体现在哪些方面?

2.为什么说土壤是植物生长繁育和农业生产的基地?

第二章
土壤矿物质和土壤质地

第一节　岩石的风化和土壤形成

一、矿物和岩石

　　地球由地心至地表依次为地核、地幔和地壳。地壳中的元素很少以单质的形式存在，一般均和其他一种或几种元素组成化合物，以矿物的形式存在。矿物是天然产生于地壳中的具有一定化学组成、物理性质和内在结构的单质或化合物，是组成岩石的基本单位。矿物的种类很多，目前已经发现的矿物约有3300多种。土壤学着重关注的是成土矿物以及某些作为肥料和土壤改良剂来源的矿物质。自然界各种各样的固体矿物都很少单独存在，而是以一定的规律结合在一起。由一种或多种矿物组成的集合体称为岩石。自然界的岩石可达数千种，它们是构成地质的基本物质。自然界的岩石依据其成因可分为岩浆岩、沉积岩和变质岩三大类，其中在地表的分布面积以沉积岩最广，占70%以上。若以地表以下16km厚度的地壳重量计算，那么岩浆岩及变质岩可占地壳重量的95%。土壤是由岩石经风化作用和成土作用形成的。土壤的理化性质与形成土壤的岩石（母岩）其矿物成分、结构、构造和风化特点直接相关。

二、土壤矿物质的主要元素组成

　　土壤中的矿物质占其固体重量的95%以上，是土壤的"骨骼"，对土壤的理化性质有重要影响。土壤矿物的元素组成很复杂，地球上极大部分的化学元素都能从土壤中发现。但土壤矿物主要的元素有20余种，包括氧、硅、铝、铁、钙、镁、钛、钾、钠、磷、硫以及一些微量元素（如锰、锌、铜、钼等）。人类生命所需的三十多种元素（生命元素）绝大部分取自土壤。表2-1列出了地壳和土壤的平均化学组成，可见：①氧和硅是地壳中含量最多的两种元素，分别占47%和29%，两者合计占地壳质量的76%，铁、铝次之，四者相加共占88.7%。也就是说其余90多种元素合在一起，也不过占地壳质量的11.3%。所以，在组成地壳的化合物中，绝大多数是含氧化合物，其中以硅酸盐最多。②在地壳中，植物生长必需的营养元素含量很低，其中如磷、硫均不到0.1%，氮只有0.01%，而且分布很不平衡。由此可见，地壳所含的营养元素远远不能满足植物和微生物营养的需要。③土壤矿物的化学组成，一方面继承了地壳的化学组成；另一方面有的化学元素在成土过程中增加了，如氮、硅等，有的显著下降了，如钙、镁、钾、钠。这反映了成土过程中元素的分散、富集特性和生物积聚作用。

表2-1　地壳和土壤的平均化学组成

元素	O	Si	Al	Fe	C	N	P	K	Na	Ca	Mg
占地壳总质量的百分数/%	47	29	8.05	4.65	0.023	0.01	0.09	2.5	2.50	2.96	1.37
占土壤总质量的百分数/%	49	33	7.13	3.80	2.000	0.10	0.08	1.36	1.67	1.37	0.60

引自黄昌勇主编《土壤学》

三、土壤矿物质中的矿物种类

按矿物的来源，土壤矿物可分为原生矿物和次生矿物。原生矿物是直接来源于母岩的矿物，岩浆岩是主要来源；而次生矿物则是由原生矿物分解转化而成的，如高岭石、蒙脱石、氧化铝等。土壤原生矿物指那些经过不同程度的物理分化，未改变化学组成和结晶结构的原始成岩矿物。它们主要分布在土壤的砂粒和粉粒中。土壤原生矿物以硅酸盐和铝硅酸盐占绝对优势，常见的有石英、长石、云母、角闪石和橄榄石以及其他硅酸盐类和铝硅酸盐类（表2-2）。土壤中原生矿物类型和数量在很大程度上取决于岩石中矿物的稳定性和风化程度。石英是极稳定的矿物，具有很强的抗风化能力，因而在土壤的粗颗粒中含量高。长石类矿物占地壳重量的50%～60%，同时亦具有一定的抗风化稳定性，所以土壤粗颗粒中的含量也较高。土壤原生矿物是植物矿质养分的重要来源，原生矿物中含有丰富的钙、镁、钾、钠、磷、硫等常量元素和多种微量元素，经过风化作用释放以供植物和微生物吸收利用。

表 2-2　土壤中主要的原生矿物及性质

原生矿物	主要性质
正长石	土壤中钾元素的重要来源
白云母	土壤中钾元素的来源之一
黑云母	钾元素的来源，更易分解、风化
角闪石	含盐基丰富，化学稳定性低，容易被彻底分解
石英	不易风化，是土壤中砂粒的主要来源
磁铁矿	具磁性
黄铁矿	分解后形成硫酸盐
磷灰石	植物磷元素的主要来源
方解石	土壤中碳酸钙的主要来源

土壤矿物按结晶状态可分为结晶质和非晶质矿物。结晶质矿物内部的原子或离子在三维空间呈周期性重复排列，可以通过X射线衍射技术把矿物结构测出来。非晶质矿物，也就是无定形矿物，内部质点无规律地排列，杂乱无章，故没有一定的几何外形。如蛋白石、琥珀、水铝英石等都是非晶质矿物，它们不能通过X射线衍射技术测出结构。土壤矿物大部分是结晶质，但也存在少量的非晶质矿物。土壤中的次生矿物以结晶层状硅酸盐黏土矿物为主，还含有相当数量的晶质和非晶质的硅、铁、铝的氧化物和水合氧化物，后者在热带土壤中的含量相当高。

四、风化作用的概念和类型

（一）风化作用的概念

地表岩石在外动力（温度、压力、大气、水、生物）作用下发生机械破碎、化学分解和生物分解，在原地形成松散堆积物的过程，称为风化作用。岩石的风化作用是岩石在外力作用下的必然结果。各种岩石的矿物成分、结构、构造等与它形成时的环境条件是相一致的，环境条件发生变化时，它们也会随之变化。从原始幼年土的形成看，风化作用先于成土过程。风化作用的产生形成土壤的母质。因此可以说，风化作用是土壤形成的基础。从现代的土壤的形成与发展观点看，风化作用则是成土过程本身的一部分。

（二）风化作用的类型

岩石风化按作用因素与作用性质的不同，可以分为物理风化、化学风化和生物风化三个类型。事实上这三者是联合进行并相互助长的，划分只是为了讨论方便。

物理风化作用指岩石产生物理变化而成为碎屑状态的过程。产生物理风化作用的主要原因是地表温度变化。此外岩石空隙中水的冻结与融化、盐的结晶、胀裂以及风力、流水、冰川的磨蚀，海浪、湖浪的冲击力均会促使岩石碎裂。地球表层昼夜与四季都有明显的温度变化，特别是干旱地区，例如在沙漠里昼夜温差可达 $60 \sim 70℃$。而岩石是热的不良导体，热的传递很慢，久而久之便产生了一系列风化裂痕，裂隙岩石被层层剥落分解成碎块（图 2-1）。又如，岩石孔隙或裂隙中有水，当水结成冰时体积增大，对周围产生很大的压力，使岩石裂隙加大。尤其是含水多的岩石，其中水频繁地冻融交替，破坏性特别大（图 2-2）。这种作用在高寒地区及高纬度地区最明显。另外，岩石中的很多矿物吸水后体积会明显增大，如蒙脱石、无水石膏等。溶解于岩石裂隙水中的盐分也会因过饱和而结晶，晶体变大对周围岩石也会产生压力，造成破坏。在干旱半干旱地区，这种作用影响很大。由于温度变化是物理风化的主要因素，所以一般干旱地区、高山与两极等缺乏植物覆盖的地区，物理风化作用特别盛行。物理风化作用使岩石产生了裂隙并分解破裂，其表面积与透通性大大增加，为化学风化作用的进行创造了条件。物理风化作用的特点是生成的产物化学组成保持不变，颗粒较粗，多偏砂、石砾多，风化过程中养分不易释放出来。

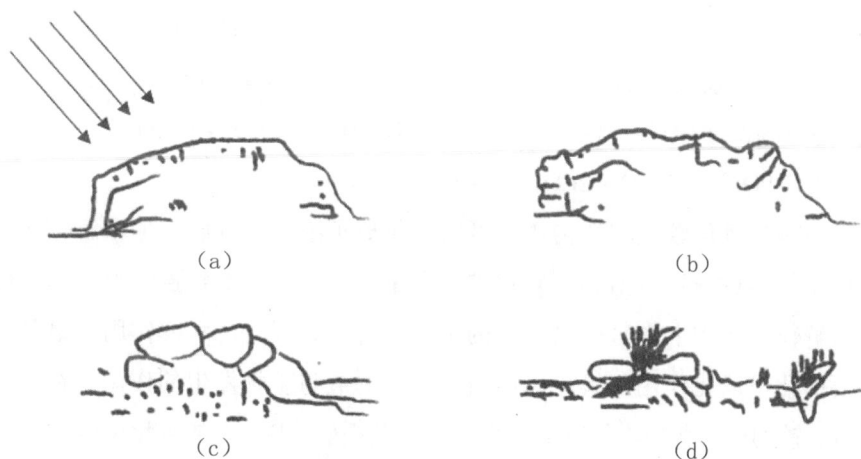

图 2-1　气温变化引起岩石胀缩不均而崩解的过程
（a）受热膨胀；（b）受冷收缩；（c）大块变小块；（d）由小块变砂

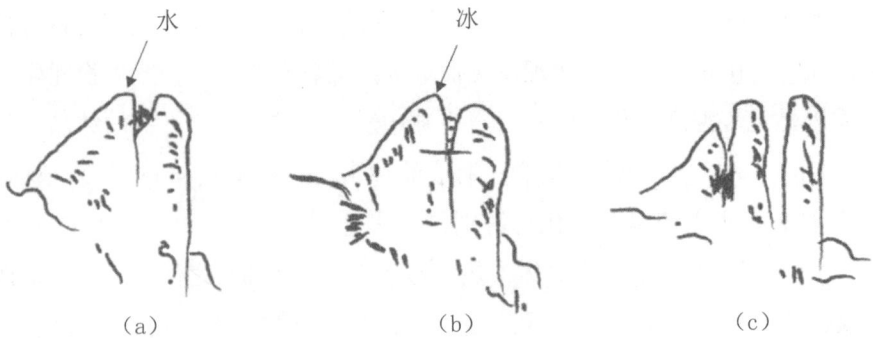

图 2-2 水的冻结扩大了岩石的裂隙
（a）水进入裂隙；（b）水冻结成冰；（c）裂隙加深加宽

化学风化作用指岩石在外界环境条件影响下进行的溶解作用、水化作用、水解作用、氧化作用等的总称。引起化学风化的因素主要是水、二氧化碳和氧气，这三者的作用是交叉进行的。其中，溶解作用指岩石溶解于水的作用。水是一种极性溶剂，岩石中的矿物为无机盐类，在水中都能溶解。自然界没有绝对不溶的物质，只有难易、多少之分。如，石灰岩里不溶性的碳酸钙受水和二氧化碳的作用能转化为可溶性的碳酸氢钙（$CaCO_3+H_2O+CO_2 \Longrightarrow Ca^{2+}+2HCO_3^-$）。水化作用指无水矿物与水结合成一种含水矿物的作用（如 $CaSO_4+2H_2O \Longrightarrow CaSO_4 \cdot 2H_2O$）。水化后的矿物往往体积增大，硬度降低，变为易于崩解的疏松状态。水解作用指水离解后形成的氢离子和氢氧根离子与矿物中盐基离子进行置换，部分取代碱金属和碱土金属的盐基离子，生成可溶性盐类，使岩石矿物遭到破坏，并把养分释放出来。如：

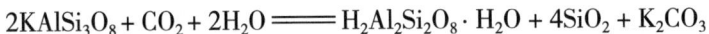

$$2KAlSi_3O_8 + CO_2 + 2H_2O \Longrightarrow H_2Al_2Si_2O_8 \cdot H_2O + 4SiO_2 + K_2CO_3$$

$$Ca_3(PO_4)_2 + 2H_2O + 2CO_2 \Longrightarrow Ca(H_2PO_4)_2 + 2CaCO_3$$

若水中有二氧化碳或酸性物质，可增加氢离子浓度，从而增加水解作用。土壤中的各种生物学过程均可增加二氧化碳的含量，故矿物的水解强度与生物活性密切相关。水解作用实质上也是矿物养分的有效化过程。因此，水解作用是最基本的也是最重要的化学风化作用。氧化作用指大气中的氧与矿物发生的作用。在潮湿条件下，含硫、铁的矿物普遍进行着氧化作用，如黄铁矿（FeS_2）的氧化反应：

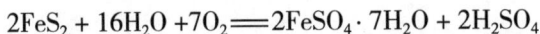

$$2FeS_2 + 16H_2O + 7O_2 = 2FeSO_4 \cdot 7H_2O + 2H_2SO_4$$

化学风化作用的特点是岩石可进一步破碎成胶体状微粒，使原生矿物成分发生改变，产生在地表条件下比较稳定的次生矿物。原生矿物经过风化以后，一部分以残存的原生矿物存留在风化物内；另一部分为可溶性盐及黏土矿物存留在风化层内成为成土母质。生物及其生命活动对岩石矿物产生的破坏作用称为生物风化作用，也表现为物理与化学两种形式。生物对矿岩的物理风化，如树根根系的挤压（图2-3）、地衣和苔藓的作用（图2-4）、穴居动物的挖掘等，都会引起岩石的崩解和破坏。生物的化学风化作用进行得更为广泛。首先是生物生命活动与死亡的有机体所产生的各种有机酸（包括细菌作用所产生的腐殖酸）、无机酸（如固氮菌产生的硝酸、硫化细菌产生的硫酸等）对岩石的腐蚀；其次是生物体对某些岩石的直接分解（如硅藻对铝硅酸盐的分解）；生物的存在使局部温度、湿度及化学环境条件变化，也会使岩石、矿物更容易发生风化。此外，人类的各种建设活动如开矿、筑路、灌溉与耕作等，对岩石的风化作用也有很大影响。在湿热的南方，物理、化学、生物风化作用三者常常联合作用，密不可分；在干冷的北方，物理风化作用占优势。

（a）　　　　　　　（b）

图2-3　根系的挤压
（a）生长在岩石裂隙中的植物；（b）根系长大，引起岩石破坏

（a）　　　　　　　（b）　　　　　　　彩图

图2-4　地衣（a）、苔藓（b）的作用

五、风化物的类型和特点

（一）成土母质

地壳表层的岩石经过风化变为疏松的堆积物叫风化壳。它们在陆地上有广泛的分布。风化壳的表层形成成土母质。成土母质，又称土壤母质，指原生基岩经过风化、搬运、堆积等过程于地表形成的一层疏松、最年轻的地质矿物质层。它是形成土壤的基本原始物质，是土壤形成的物质基础和植物矿物养分元素（除氮）的最初

来源。坚实的大块岩石变成碎屑后，产生孔隙，具有通气性、透水性，有一定的可溶性矿物养分，能满足一些低等植物和微生物的生长。虽然成土母质可释放少量矿质养分，但总体缺乏养分，不含氮、碳，通气性和蓄水性不能同时解决，因此远远不能满足植物的需要。当低等植物和微生物不断新陈代谢，累积丰富的有机物质时，母质才具肥力，能为高等植物生长提供条件，发展为土壤。

（二）常见的成土母质类型

岩石风化形成的母质，有的就地堆积，但大多数是在重力、水流、风力、冰川等外力作用下被搬运到其他地方，形成各种沉积物。根据母质的形成与搬运特点，又分为残积母质和运积母质。残积母质指岩石风化后基本上未经动力搬运而残留在原地的风化物。残积母质多分布在山地丘陵顶部等较高、平的部位上。它的颗粒成分极不均匀，有大、小岩石碎块，也有砂粒、黏粒，没有明显层次性，但上层至下层的岩石碎块一般由小变大。残积母质疏松，通透性好。此种母质源于其下层分布的基岩，其性质深受基岩的影响。

运积母质指经重力、水力、风、冰川等搬运后沉积的母质，有坡积母质、洪积母质、冲积母质、湖积母质、海积母质、冰碛母质等。

坡积母质是山坡靠上部的风化产物，在重力和因降雨形成的细小流水的共同作用下，在山坡中部或山麓处堆积形成。常见于山地及山麓一带的高阶地带。其组成物颗粒成分不均匀，有带棱角的岩石碎块，也有沙粒、黏粒，杂乱分布，没有明显层理。坡积母质搬运距离短、磨圆度及分选性较差。在陡坡地带，其形成以重力作用为主，坡积物中有较多的岩石碎块和粗土粒；在缓坡地带，其多由雨水的搬运作用形成，细颗粒成分较多，因水利状况的差异在垂直方向上沉积物略具层次。坡积物的组成与上坡的岩石成分密切相关，与其下面的基岩不一定一致。

洪积母质指山洪将山上各种岩石的风化物携带搬运至山前坡麓、山口及平原边缘沉积下来的物质。洪积物的迁移距离有时很远，沉积物往往形成扇形地形，称洪积扇。洪积扇由中心向外围逐渐倾斜。有时相邻几个山口的洪积扇连接起来，就失去单个存在时的轮廓，形成了宽广而平坦的山前倾斜平原。洪积物的磨圆度与分选性差，粗细混杂，在出山口处以砾石、粗砂为主，层理不明显；向外逐渐过渡为细砂和黏土，略具层理。洪积扇边缘处地下水位高，有时有泉水出入，甚至发生土壤沼泽化。

冲积母质是河流远距离搬运的沉积物。冲积物颗粒的磨圆度与分选性均较好。

在河道上、中、下游，因流速不一样，冲积物的颗粒粗细不同，一般是上游粗、下游细。山区河谷冲积物以卵石、砾石为主；平原河谷以砂粒、黏粒等细颗粒为主。河流冲积物分布面积广泛，特别是河流平原和三角洲，土层深厚、地势平坦、养分丰富，常为重要的农业区。

湖积母质是交接低洼地及湖泊洼地形成的沉积物，不像冲积母质受流水的影响，属静水沉积。湖积母质多分布于地形低洼的盆地。由于湖水的激荡，湖积母质一般较细、质地较黏重、含有机质较多，呈暗褐色或者黑色，往往形成肥沃土壤。湖积母质中的铁质，在缺氧条件下与磷酸结合成磷酸铁或与二氧化碳结合成碳酸亚铁，使湖泥呈青灰色，具明显的水平层理。

海积母质指在海水作用下沿海岸一带堆积的松散物质，多数呈水平叠层（一层叠一层）。河流携带的大量泥沙进入海洋，遇到潮水顶托，再加上海水中的盐分对黏粒的絮凝作用，泥沙在海岸边沉积下来。当其露出水面后即为滩涂。滩涂经改良可成为新农田。海积母质颗粒均匀，磨滑度高，具层理，多有石灰性反应，并含有大量易溶性盐。我国沿海各地有大量浅海沉积物，是可开发和改良利用的重要土地资源。

冰碛母质是冰川夹带的物质被搬运沉积而成的。它无层理，无分选性，岩石碎块与黏粒等大小颗粒混合堆积，在大砾石上可看到冰川痕迹。

风积母质是由风力夹带的矿物碎屑，经吹扬作用后沉积形成的。风成沙就是风积物。它的特点是粒度均一，90%的颗粒直径在 0.25～0.5mm，磨圆度很高，表面如毛玻璃状，有时表面还有许多小坑。其成分单一，以石英为主，还含有少量长石、云母、暗色硅酸盐矿物、石膏、方解石等不稳定矿物，多半是黄色、浅棕色，多不具层理，很少有生物残骸。

黄土母质是第四纪陆相沉积物，成因主要是风积，也有风积后被流水搬运再沉积的。在我国，黄土母质广泛分布于秦岭、大别山一线以北。按其形成时代早晚可分为三层地层，分别是马兰黄土、离石黄土、午城黄土。

六、土壤的形成

（一）土壤形成过程中的大小循环

土壤形成（图 2-5）是一个综合的过程。它是物质的地质大循环与生物小循环相互作用的结果。地面岩石的风化产物，通过各种物质运动形式，最终流归海洋，经过长期的地质变化成为各种海洋沉积物。以后由于地壳运动或海陆变迁，海洋沉积

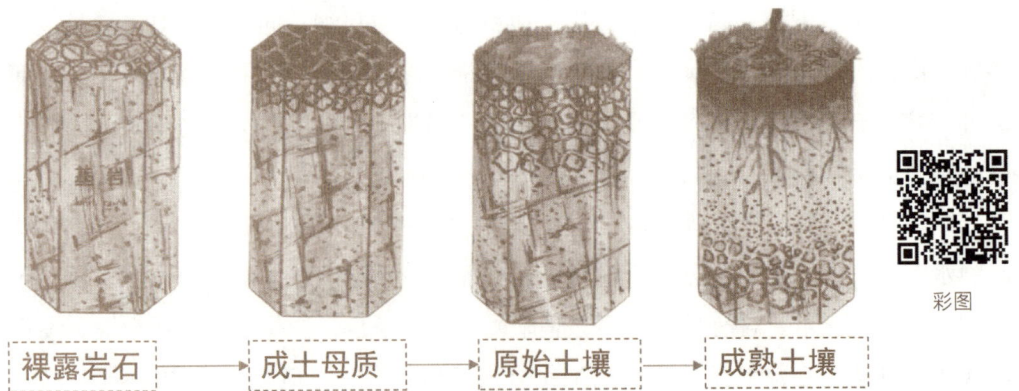

彩图

裸露岩石 → 成土母质 → 原始土壤 → 成熟土壤

图 2-5　土壤形成过程

物露出海面又成为岩石，并再次进行风化，成为新的风化壳－母质，这一过程称为物质的地质大循环。物质的生物小循环指有机质在土体中不断分解和合成。植物从土壤中吸取养分形成植物体，可供动物生长。当这些动植物有机体死亡后，在微生物的作用下一部分转化为植物需要的矿物养分，供植物生长再利用，另一部分有机质则形成腐殖质，使矿物养分及氮素在土壤中积累起来。这样，在有机质的不断分解和合成过程中，腐殖质不断得到积累，改善了土壤的物理性质和化学性质，使土壤的通透性和保蓄性的矛盾得到调节，土壤肥力得到形成和发展，能满足植物对空气、水分、养料的需要。

（二）土壤形成过程中大小循环的关系

地质大循环耗时极长且涉及范围极广，植物养料元素不积累；而生物小循环涉及空间小，时间短，可促进植物养料元素的积累，使土壤中有限的植物营养元素得到无限的利用。物质的生物小循环是在地质大循环的基础上发展起来的，没有地质大循环就不可能有生物小循环，无生物小循环仅地质大循环土壤就难以形成。在土壤形成过程中，两种循环过程相互渗透又不可分割地，且同时同地进行着（图 2-6）。所以，土壤是独立的但不是孤立的，它与其他历史自然体一样，具有特殊的发生规律。这种发展不是孤立地进行的，而是与周围的外在环境条件相互作用，辩证地发展着。

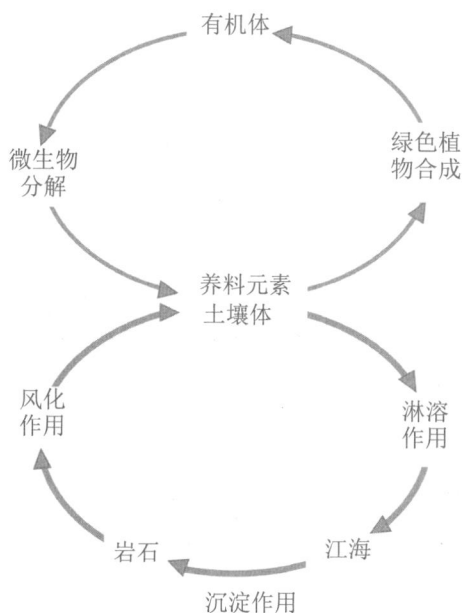

图 2-6　土壤形成过程中的大小循环的关系简图

（三）土壤的形成

自然土壤是在气候、母质、生物、地形和年龄等自然成土因素综合作用下形成的。从土壤发生学的角度看，土壤形成过程指地壳表面的岩石风化体及其搬运的沉积体受其所处环境因素的作用，形成具有一定剖面形态和肥力特征的土壤的历程，也就是土壤肥力发生与发展的过程（图 2-5）。因此，土壤的形成过程可以看作成土因素的函数。在一定的环境条件下，土壤发生特定的基本物理化学作用，也发生优势的物理化学作用，它们的组合使普遍存在的基本成土作用有了特殊的表现，构成各种特征性的成土过程。我国土壤形成中常见的成土过程有有机质积累、积钙、黏化、盐化、碱化、富铝化、白浆化等。

七、土壤剖面的发展

（一）土壤剖面

土壤在各种自然因素和人为因素的影响下产生了自身属性。这些属性的内在特征综合表现为肥力，外在特征则反映于土壤剖面形态或土体的构型。土壤剖面指从地面向下挖掘所裸露的一段垂直切面（图 2-7），达到基岩或与地表沉积体相当的深度为止，一般在 2m 以内，是土壤成土过程中物质发生淋溶、淀积、迁移和转化形成的。不同类型的土壤，具有不同形态的土壤剖面。一个完整的土壤剖面应包括土壤形成过程中所产生的发生学层次以及母质层。土壤发生学层次，简称土壤发生层，指土壤形成过程中所形成的、具有特定性质和组成、大致与地面相平行的并具有成土过程特征的层次。土壤发生层，应至少能肉眼观察到其形态特征，主要有颜色、质地、结构及新生体等。土壤发生层分化愈明显，其上下土层之间差异就愈大，表示土体的非均一性越显著，土壤的发育度愈高。但许多土壤剖面中发生层之间是逐渐过渡的，有时母质的层次性会残留在土壤剖面中，这种情况应区别对待。发生层的顺序及变化情况反映了土壤的形成过程及土壤性质。土体构型，也称土壤剖面构型，指土壤发生层由上至下的有规律的组合，是土壤剖面最重要的特征。土壤剖面的外部形态是其内部特征的外部表现，是土壤形成过程的结果，不同的土壤类型有不同的土体构型。所以，土壤剖面也必然随土壤类型的分化而显示其各自特征。

在鉴定土壤类别时，对土壤剖面构型的观察，是不可缺少的手段。一般土壤剖面应设置在代表性较广的地形部位上。一般挖成 1m ×（1.0～1.5）m 的长方形土坑（图 2-7），其深度因土而异。对发育于基岩上的土壤，一般挖至露母岩为止；对沼泽土、潮土、盐土和水稻土等土壤挖至 125cm 左右深。挖出的表土与心土要分别堆置于剖面坑的两侧。观察面上沿的地表不能堆土和走动，以免影响观察、采样。剖面挖好后，先按形态特征自上而下划分层次，逐层观察和记载其颜色、质地、结构、孔隙、紧实度、湿度、根系分布、动物活动遗迹、新生体以及土层界线的形状和过渡特征。接着根据需要进行 pH、盐酸反应、酚酞反应等的速测。最后自下而上地分别采集各层的土样，并将挖出的土按先心底土、后表土的顺序填回坑内。

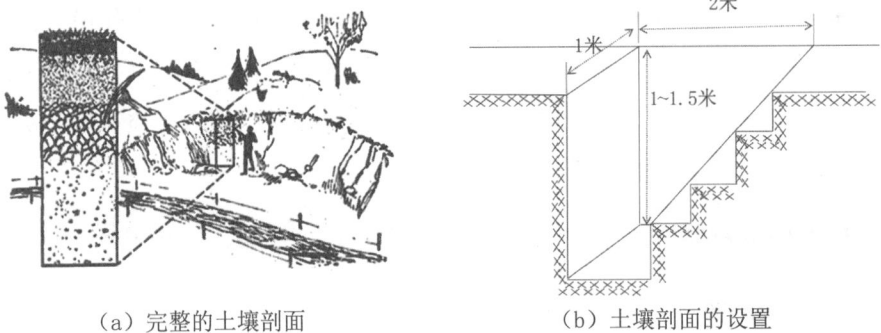

（a）完整的土壤剖面　　　　　　（b）土壤剖面的设置

图 2-7　土壤剖面

（二）基本的土壤发生层

依据土壤剖面中物质累积、迁移和转化的特点，一个发育完全的土壤剖面从上到下一般由最基本的三个发生层组成，即 A、B、C 三个基本层次，也即淋溶层、淀积层和母质层。此外，土壤剖面中还有非土壤发生层的覆盖层（O层）和基岩层（R层）（图2-8）。

覆盖层（O层）：主要由未腐殖化的有机物质组成，在木本科植物群落下的森林土壤最明显，这个层次不属于矿质土层。

淋溶层（A层）：处于土体最上部，故又称为表土层。它包括腐殖质层（A_1）和物质的淋溶层（A_2）两个亚层。其中A_1层（国际代号为Ah）腐殖质累积，颜色深暗，植物根系和微生物最集中，多具团粒结构，土质疏松，是肥力性质最好的土层。A_2层（国际代号为E）在有些土壤中形成灰化层，受到强烈淋溶，不仅易溶性盐类淋失，铁铝及黏粒也向下淋溶，只有难移动的石英残留下来，故颜色较浅，常为灰白色，质地轻，养分贫乏，肥力性状差。这一层在森林土壤中较为明显。淋溶层是土壤剖面中最为重要的发生学层次，任何土壤都具有这一土层。

淀积层（B层）：位于A层之下，是物质淀积作用而造成的。淀积的物质可以来自土体的上部，也可来自下部地下水的上升，其中的水溶性或还原性物质，因土体中部环境条件改变而发生淀积；还可以来自人们施用石灰、肥料等来自土体外部的物质。这些物质在土体的中部、下部乃至土体的表层淀积。根据发育程度不同，B层又分为B_1、B_2和B_3亚层，一个发育完全的土壤剖面，必须具备淀积层。

母质层（C层）：处于土体的最下部，是没有产生明显的成土作用的土层，由风化程度不同的岩石风化物或各种地质沉积物构成。

基岩层（R层）：或称母岩，国际代号为R。R层虽非土壤发生层，却是土壤剖面的重要组成部分，是半风化或未风化的基岩。这一层是土壤形成的基础。

以上介绍的A、B、C三层只是土壤中的基本发生层。由于自然条件、发育时间和发育程度不同，土壤剖面构型差异很大，构成土壤剖面的发生学层次的类型很多。

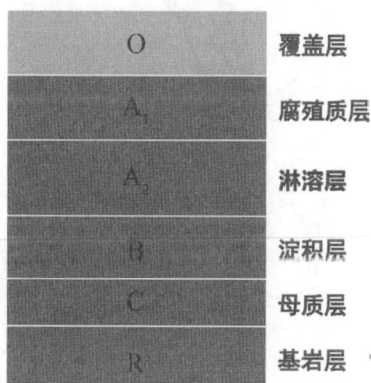

图2-8　自然土壤的土体构造

第二节　土壤粒级

土壤是由固、液、气三相物质组成的多相分散体系。三相物质中固相物质处于关键地位。一般土壤的固相物质中，矿物质颗粒占95%以上，构成土壤的基本骨架。矿质颗粒的大小和组合，相对来说是不易变化的，这就使土壤矿物质颗粒和肥力性质较稳定。

一、矿物质土粒的分级

土壤固相部分由一群大小不等、形状迥异、大小相差可达百万倍以上的固体颗粒组成（图2-9）。固体微粒直径大至数毫米以上，小至1nm以下，它们的性质自然不同。为了认识和研究的方便，通常将土粒根据大小和性质分成若干等级，叫作土壤颗粒的分级（粒级）或分组（粒组）。同组土粒的成分和性质基本一致，组间则有明显变化。土粒的形状多是不规则的，难以直接测量。为了按大小进行土粒分级，以土粒的当量粒径（即与土粒静水沉降速度相同的圆球直径）代替。一般将土壤颗粒分为石砾、砂粒、粉粒和黏粒四级，每级包括一定大小范围的颗粒，各有特点。但是应该指出，土壤颗粒的大小变化是连续的，它们的性质变化也是连续的，因而各粒级界线的划分多少带有人为的因素。目前世界各国采用的土粒分级标准也各不相同，使得分析资料难以互相引用和比较。

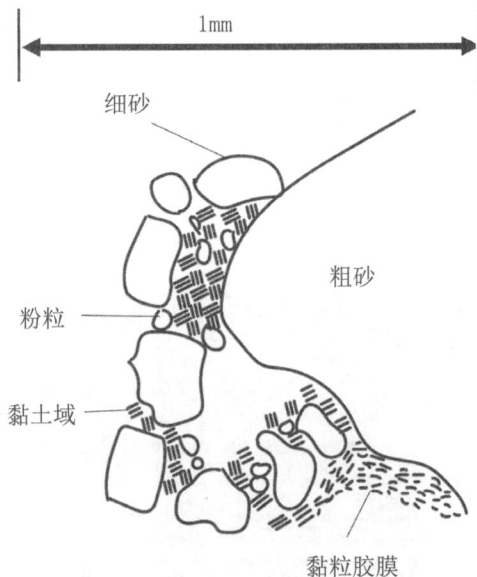

图 2-9　土壤颗粒

目前关于矿物质土粒分级各国还没有完全统一的标准。欧美各国和日本以国际制为基础，做适当修改后，提出了自己的粒级制。我国在新中国成立前多采用国际制，新中国成立后国际制和卡钦斯基制并用。国际制的特点是十进位制，相邻各粒级间的粒径差距均为 10 倍，分级少而易记，分级界限的人为性十分突出。卡钦斯基制有粗分和细分两种，先粗分成石砾（1～3mm）、物理性砂粒（0.01～1mm）和物理性黏粒（<0.01mm）。物理性砂粒和物理性黏粒的相对含量是土壤质地分类的主要依据，再将这两大粒级进一步细分（表 2-3）。把物理性砂粒和物理性黏粒的分界线定为 0.01mm 是有依据的。当土粒当量粒径大于 0.01mm 时，无可塑性和胀缩性，但有一定的透水性，其吸湿水力、保肥力和黏结力等都很微弱。当土粒当量粒径小于0.01mm 时，有明显的可塑性和胀缩性，其吸湿水力、保肥力和黏结力等也都有明显的增加。

表 2-3　卡钦斯基制和国际制的粒级分级标准

当量粒径 /mm	卡钦斯基制（1957）		国际制（1930）
3～2	石砾		石砾
2～1			
1～0.5		粗砂粒	粗砂粒
0.5～0.25		中砂粒	
0.25～0.2	物理性砂粒	细砂粒	
0.2～0.1			细砂粒
0.1～0.05			
0.05～0.02		粗粉粒	
0.02～0.01			
0.01～0.005		中粉粒	粉粒
0.005～0.002		细粉粒	
0.002～0.001	物理性黏粒		
0.001～0.0005		粗黏粒	黏粒
0.0005～0.0001	黏粒	细黏粒	
<0.0001		胶质黏粒	

二、矿物质土粒的基本性质

1.粒级土粒的矿物组成

各粒级土粒的矿物组成是有差别的，这是因为岩石中的各种矿物抵抗风化的能力不同。一般土壤中含有的原生矿物除石英外，还有长石、白云母、少量的角闪石和辉石，以及磷灰石、赤铁矿和黄铁矿等。其中石英最难风化，长石、白云母也较难风化，多组成砂粒和粗粉粒。黑云母较易风化，辉石和角闪石更易风化，故在分化和成土过程中它们变成了更小的颗粒，多数发生化学风化而形成次生矿物。因此，砾石和砂粒几乎全部由原生矿物所组成，其中主要包括抗风化能力较强的石英，难风化的正长石、白云母。粉粒的绝大部分也是原生矿物，黏粒主要由次生矿物组成。次生矿物主要包括次生层状铝硅酸盐（如高岭石、蒙脱石和水化云母类等）和含水的氧化铁、氧化铝、氧化硅等。它们在土壤中均以黏粒形式存在，粒径极小，并具有胶体性质。因此，矿物质土粒越细，石英和原生硅酸盐含量越少，次生的硅酸性黏土矿物含量越多。

2.粒级土粒的化学成分

土壤矿物质的化学组成极其复杂，含有的主要元素有氧、硅、铝、铁、钙、镁、钾、钠、钛、磷、硫，以及一些微量元素如锰、锌、硼、钼、铜等，其中以氧、硅、铝、铁四种元素占的比例最大。它们大多数均以氧化物的形式存在，二氧化硅（SiO_2）、氧化铝（Al_2O_3）、氧化铁（Fe_2O_3）三者之和一般占土壤矿物质部分的75%以上，是土壤矿物质的主要成分。各个粒级的矿物组成和化学组成不同，砂粒和粉粒以石英和长石等原生矿物为主，含 SiO_2 较多。土粒越细，SiO_2 含量越少，其他氧化物如 Al_2O_3、Fe_2O_3、CaO、MgO、K_2O、P_2O_5 等的含量越多，磷、钾、钙、镁、铁等养分含量逐渐增加。因此，不同大小的土粒供应养分的潜力是不同的。

3.粒级土粒的物理性质

土壤各粒级的形状不一。砂粒和粉粒是不规则的多角形或近乎球形，云母颗粒则呈片状，黏粒多为片状和棒状。粗细土粒的形状、比表面和矿物组成的不同，造成各项物理性质的差异。土粒越粗，透水性越好，而可塑性、胀缩性、吸湿力、保肥力、黏结力越差。石砾和砂粒颗粒比表面积小，无黏结性、黏着性和可塑性。黏粒颗粒小，比表面积大，透水性差，黏结性、黏着性和可塑性均较强。

第三节　土壤颗粒组成和质地分类

一、土壤颗粒组成

土壤是由不同粒级的土粒组成的，不同的土壤各粒级的含量差异较大。土壤中各粒级的百分含量称为土壤的颗粒组成或机械组成，可由此确定土壤质地。所以，土壤质地是根据土壤的颗粒组成划分的土壤类型。测定土壤颗粒组成的分析方法称颗粒分析或机械分析。土壤颗粒组成数据是研究土壤的最基本的资料之一，有很多用途，尤其是在土壤模型研究和土工试验方面，如用于土壤比表面估算、确定土壤质地和用于土壤结构性评价等。

二、土壤质地分类

按颗粒组成不同造成的土壤质地的差异，人为地将土壤划分为若干类别，叫作土壤质地类别。通常所说的砂土、壤土、黏土等就是土壤质地类别。每一质地类别的土壤又可分为若干种质地，它们的颗粒组成比较接近，因而所表现的各项理化性质也相似。质地是土壤的一种十分稳定的自然属性，反映母质来源及成土过程，因其对土壤肥力有很大影响，常被用作土壤分类中基层分类单元划分的依据之一。质地能大概反映土壤内在的肥力特性，因此在说明和鉴定土壤肥力状况时，土壤质地往往是首先考虑的性状之一。

19 世纪后期，专家开始测定土壤颗粒组成并由此划分土壤质地。至今在世界各国提出了二三十种土壤质地分类制，如国际制、美国农业部制、卡钦斯基制、中国制等，但尚缺少各国和各行业公认的土壤质地制，影响互相交流。这里介绍两种使用多年的土壤质地分类制，即国际制和卡钦斯基制，与前面粒组分级标准配套。

（一）国际制土壤质地分类

国际制土壤质地分类指依据国际制粒径分级的质地分类。国际制土壤质地分类在第二届国际土壤学会上通过，其根据砂粒（2～0.02mm）、粉粒（0.02～0.002mm）、黏粒（0.002mm）含量的比例，划定了12种质地类别（表2-4）。在国际制中，以黏粒含量为主要标准，以粉粒、砂粒含量作帽子，即：①黏粒含量小于15%的为砂土类、壤土类，黏粒含量15%～25%的为黏壤土类，黏粒含量大于25%的为黏土类；②根据粉粒含量，凡粉粒含量大于45%的，在质地名称前冠"粉"；③根据砂粒含量，凡砂粒含量大于55%的，在质地名称前冠"砂"。

国际制土壤质地分类中，黏粒0.002mm的上限是阿特伯格提出的。他发现小于

0.002mm的颗粒在溶液中表现出布朗运动的特征，不受重力作用的影响而自由沉降。国际制土壤质地分类最初被认为是国际标准制，但如今国际上使用得较少。

表2-4　国际制土壤质地分类

质地分类		颗粒组成/%		
类别	质地名称	黏粒	粉粒	砂粒
砂土	砂土和壤砂土	0～15	0～15	85～100
壤土	砂壤土	0～15	0～45	55～85
	壤土	0～15	30～45	40～55
	粉壤土	0～15	45～100	0～55
黏壤土	砂黏壤土	15～25	0～30	55～85
	黏壤土	15～25	20～45	30～55
	粉黏壤土	15～25	45～75	0～40
黏土	砂黏土	25～45	0～20	55～75
	粉黏土	25～45	45～75	0～30
	壤黏土	25～45	0～45	10～55
	黏土	45～65	0～55	0～55
	重黏土	65～100	0～35	0～35

（二）卡钦斯基制土壤质地分类

　　卡钦斯基制土壤质地分类指按卡钦斯基粒径分级的质地分类。该分类制有基本分类（简制）和详细分类（详制）两种。简制分3组9种质地，其主要特点为：将土粒分为物理性黏粒（<0.01mm）和物理性砂粒（> 0.01mm）两级；按物理性黏粒或物理性砂粒的数量并根据不同土壤类型（灰化土、草原土、红黄壤、碱化土、碱土）进行质地分类，而不是按照砂、粉、黏粒三个粒级的质量比分组，又叫卡钦斯基制土壤质地基本分类制（表2-5）。卡钦斯基制土壤分类详制是在简制的基础上，按照主要粒级而细分的，把含量最多和次多的粒级作为冠词，顺序放在简制名称前面，用于土壤基层分类及大比例尺制图，如粗粉质重壤土、砂质-粉质重壤土等。卡钦斯基制土壤质地分类的一个特点是照顾到土壤类型的差别，主要是考虑到交换性阳离子（氢离子、钙离子和钠离子等）对土壤物理性质的影响，因而对不同类型的土壤划分质地时，所采用的物理性黏粒含量水平有些变化。卡钦斯基制土壤质地基本分类方法简明易记，浙江省的土壤可按表中的草原土壤、红壤和黄壤的标准划分。

表2-5　卡钦斯基制土壤质地基本分类（简制）

质地组	质地名称	不同土壤类型的 <0.01mm 粒级含量 /%		
		灰化土	草原土壤、红壤和黄壤	碱化土、碱土
砂土	松砂土	0～5	0～5	0～5
	紧砂土	5～10	5～10	5～10
壤土	砂壤	10～20	10～20	10～15
	轻壤	20～30	20～30	15～20
	中壤	30～40	30～45	20～30
	重壤	40～50	45～60	30～40
黏土	轻黏土	50～65	60～75	40～50
	中黏土	65～80	75～85	50～65
	重黏土	> 80	> 85	> 65

第四节　土壤质地与肥力的关系

一、土壤质地与肥力

虽各种分类标准不相同，但它们大多都将土壤分为砂质土类、壤质土类和黏质土类三大类。土壤质地对土壤肥力的影响是多方面的，它常常是土壤蓄水、保水、保肥、供肥、保温、导温和耕性等的决定性因素。我国农民历来重视土壤质地问题，历代农书中都有因土种植、因土管理和质地改良经验的记载。下面简略地介绍砂质土类、黏质土类和壤质土类三个基本类别的肥力特征及管理特点。

（一）砂质土类

这类土壤泛指与砂土性状相近的一类土壤，其物理性黏粒含量 <15%。该类土壤以砂土为代表，也包括缺少黏粒的其他轻质土壤（粗骨土和砂壤土）。它们都有一个松散的土壤固体骨架，含砂粒很多而含黏粒很少，粒间孔隙一般很大，水分容易透入，内部排水快，但蓄水量少。水汽在土壤中迅速扩散而向大气逸失，所以蒸发

强烈。由于砂质土的毛管孔较粗，毛管水上升高度小，如地下水位较低，就不能依靠地下水通过毛管上升作用来回润表土，所以抗旱能力弱。土壤中原生矿物以石英、长石为主，潜在养料含量少，又因缺乏黏粒和有机质而保肥力弱，施入的人畜粪尿以及硫酸铵等速效肥料易随雨水或者灌溉水流失。砂质土上施速效肥，往往肥效猛而不稳长，前劲大而后劲不足。有句农谚为"少施肥，一把草；多施肥，立即倒"，说明施肥应该根据植物的需要来进行。如施肥少，植物吸收不到需要的无机盐而生长不良，会变成"一把草"。施肥浓度过大，植物根系产生反渗透质壁分离被烧死了就"立即倒"（死亡）。所以砂质土要强调增施有机肥，适时施追肥，并掌握勤浇薄施的原则。砂质土含水少，热容量比黏质土小。其白天接受太阳辐射而增温快，夜间散热而降温快，因而昼夜温差大，对块茎、块根作物的生长有利。早春，砂质土的温度上升较快，所以也被称为"暖土"或"热性土"。砂质土的通气性好，好气微生物活动强烈，有机质迅速分解并释放养料，使农作物早发，但是有机质积累困难，发小苗不发老苗。砂质土"口松"，出苗快、齐、全，但因养分贫乏容易造成作物中后期脱肥，出现早熟、早衰。

（二）黏质土类

黏质土类包括黏土和黏壤等质地黏重的土壤。其中重黏土和钠质黏土的黏韧性最为明显。黏质土中细粒含量高而砂粒少，粒间孔隙狭细，但空隙数目远较砂质土多，蓄水量大，而雨水或灌溉水的垂直下渗和排水极为困难。所以，应采用深沟、密沟、高畦，以避免涝害。黏质土含矿质养分（特别是钾、钙、镁等盐基离子养分）丰富。此外，它们对带正电荷的离子态养分有强大的吸附能力，使其不致被雨水淋洗损失。农民群众说，"大粪不过丘，清水淌肥田"，正是说明黏质土的这一特性。黏质土孔细而往往为水占据，通气不畅，好气微生物活动受到抑制，有机质分解缓慢。其中的腐殖质与黏粒紧密结合而分解困难，因而容易积累。所以，黏质土的黏粒和腐殖质含量都高，保肥能力强，氮素等养分含量一般比砂质土中要多。黏质土蓄水多，热容量大，昼夜温度变幅较小。在早春，水分饱和的黏质土，尤其是有机质含量高的黏质土，土温上升慢，农民称之为"冷土"。缺少有机质的黏质土，往往结成大土块，耕性差，干时硬结，湿时泥泞。黏质土干后龟裂，易损伤植物根系。对于这类土壤，要增施有机肥料，注意排水，在适宜含水量条件下精耕细作，以改善结构性和耕性。

（三）壤质土类

它兼有砂质土和黏质土之优点，砂、黏粒配比较恰当，养分含量丰富，保水、保肥性和供水、供肥性强，耕性较好，适宜种植的作物较多。与砂质土和黏质土相比较，壤质土的肥力特性介于二者之间，是较为理想的土壤。

二、土壤剖面的质地与肥力

土壤剖面中质地层次排列对水分运动及其他肥力因素都有影响。土体内不同土层之间的质地构造变化情况称为质地土体构型。质地土体构型有均质的（剖面各层次的母质来源和质地相同），也有非均质的。后者由于母质来源不同或剖面中物质移动造成质地分异，层次排列较为复杂，有的是砂土层、壤土层及黏土层相互交错，如上黏下砂、也有上砂下黏等，对土壤水分运动和养分保蓄等影响很大。质地土体构型一般可分为薄层型（红黄壤地区土体厚度<40cm，其他地区<30cm）、松散型（通体砂型）、紧实型（通体黏型）、夹层型（夹有厚度15～30cm不同质地土层）、蒙金型（上砂下黏）、倒蒙金型（上黏下砂）、海绵型（通体壤型）等几大类型。

在华北平原，砂土剖面中有中位或深位黏土夹层的，可增加土壤抗旱和保水保肥能力，有利于作物根系的发育，也便于进行耕作、施肥、灌排等，是一种良好的土壤质地剖面类型，称其为蒙金型。反之，黏土–壤土剖面中，如上层的黏土层厚度大，因其紧实而通气透水性能差，干时坚硬易龟裂，湿时膨胀易团结，不耐旱且不耐涝，不利于作物根系发育，是一种不良的质地剖面，称其为倒蒙金型。土壤剖面中的黏土夹层的厚度超过2cm时即减缓水分的运行，而超过10cm就会阻止土壤毛管水上升运行，减少对耕层土壤水的供应，但在盐碱土地区则有利于防止土壤次生盐渍化。土壤质地对于土壤性质和肥力有很重要的影响，而土壤质地主要继承母质，很难改变。但是质地不是决定土壤肥力的唯一因素。土壤质地不良，可通过增加土壤腐殖质和改善结构来补救。事实上，单纯依靠土壤质地所体现出来的肥力特性总是有许多缺点的，不论哪一种质地都不能完全解决土壤中水分和空气之间的矛盾，也不能完全解决养分的保存与释放的矛盾。

三、不同质地土壤的利用与改良

各种作物的生物学特性及耕作栽培要求不同，所需的土壤条件也不相同。适宜作物种植的土壤条件称为土宜条件，土壤质地是重要的土宜条件之一。通常生育期短的作物（如蔬菜等）、根茎类作物（如马铃薯、甘薯等）、耐旱或耐贫瘠作物（如芝麻、高粱等）宜于在砂质土上生长，后期不致脱力。需肥较多或生长期较长的谷类作物（水稻、小麦等）宜于在黏质壤土至黏土上生长。不同作物要求土壤条件有较大的差异，要根据土壤质地合理布局植物，对过砂过黏的土壤进行逐年改良。现将各种作物对土壤质地的要求列于表2-6。

表2-6　主要作物的适宜土壤质地范围

作物种类	土壤质地	作物种类	土壤质地
水稻	黏土、黏壤土	梨	壤土、黏壤土
小麦	黏壤土、壤土	桃	砂壤土－黏壤土
大麦	壤土、黏壤土	葡萄	砂壤土、砾质壤土
栗	砂壤土	蚕豆、豌豆	黏土、黏壤土
玉米	黏壤土	白菜	黏壤土、壤土
甘薯	砂壤土、壤土	甘蓝	砂壤土－黏壤土
棉花	砂壤土、壤土	萝卜	砂壤土
烟草	砾质砂壤土	茄子	砂壤土－壤土
花生	砂壤土	马铃薯	砂壤土、壤土
油菜	黏壤土	西瓜	砂土、砂壤土
大豆	黏壤土	茶	砾质黏壤土、壤土
苹果	壤土、黏壤土	桑	壤土、黏壤土

据统计，在我国现有耕地中，因耕层过砂或过黏需要改良的面积有 6.67×10^6 ha 以上。其改良的途径和措施有：①客土法。各地改良低产土壤的经验表明，客土，即砂掺黏或黏掺砂，是较有效的措施。一般要就地取材、因地制宜。若砂地附近有黏土、河泥，可采用搬黏掺砂的办法；若黏土地附近有砂土、河沙可采取搬砂压淤的办法。一般使黏砂比例在3：7或4：6为好。但是客土时的土方量和人工量很大，可逐年进行。②引洪漫淤法。洪水中所携带的淤泥是冲蚀地表的肥土，含养分丰富。把洪水适度地引入农田，使细泥沉积于砂质土壤中，就可以达到改良质地和增厚土层的目的。农民说"一年洪三年肥"。这种方法实质上也是一种客土法。在靠近黄河中下游河南新乡一带应用很广。③增施有机肥。有机质的黏性比黏粒弱、比砂粒强。对砂质土壤来说，有机肥可改变它原来松散无结构的不良状况；对黏质土壤来说，可使黏结的大土块碎裂成大小适中土团。因此，大量施用有机肥，不仅能增加土壤中

的养分，而且能改善过砂过黏土壤的不良性质，增加土壤保水、保肥性能，是一种后效长的改良措施。

第五节　黏粒矿物

黏粒矿物指土壤黏粒粒级所含的矿物，包括层状硅酸盐黏粒矿物和黏粒氧化物。黏粒矿物的组分主要是层状硅酸盐矿物。它由硅氧四面体片和铝氧八面体片以不同比例组合而成，晶体呈薄片状、板条状、管状、纤维状、团块状或絮状。黏粒矿物中的黏粒氧化物可以集合体形式存在（呈双链状、片状、板状等），也可以斑点、斑纹或胶膜等形式沉淀在其他矿物表面。黏粒矿物还普遍存在于各类沉积物和沉积岩中。在地表它是原生矿物经风化而重新生成的产物，是土壤矿质部分的重要组成。由于颗粒细小，它具有较大的表面能和物理、化学活性，可吸附各种离子。其吸附性能和离子交换量随黏粒矿物类型而异。黏粒矿物还具有可塑、黏结和膨胀等特性。

一、土壤黏粒中的层状硅酸盐

硅酸盐是最重要的造岩矿物。自然界中，硅酸盐占已知矿物种类的 1/3，占岩石圈量的 80%～90%。绝大多数造岩矿物都以硅酸盐为主要矿物成分。岩石风化成土壤，所以，土壤亦含大量硅酸盐。硅酸盐是土壤的骨骼。自然界中硅酸盐有岛状、环状、链状、层状、架状等结构。土壤黏粒中的硅酸盐主要是一些极微细的结晶态的层状硅酸盐颗粒，通常称之为黏土矿物。层状硅酸盐结构可以看成是氧离子组成骨架，阳离子填充于氧离子空隙中，阳离子的大小很重要。层状硅酸盐黏土矿物晶格由两种基本结构单位构成，并都含有结晶水，只是化学成分和水化程度不同而已。层状硅酸盐矿物的性质、化学组成与结晶构造的关系十分密切。

（一）层状硅酸盐的结构特征

构成层状铝硅酸盐黏土矿物晶格的基本结构单位是硅氧四面体（SiO_4）$^{4-}$ 和铝氧八面体（AlO_6）$^{9-}$（图 2-10）。硅氧四面体的基本结构由 4 个氧离子和 1 个硅离子组成。其排列方式是以 3 个氧离子构成三角形为底，硅离子位于底部 3 个氧离子之上的中心低凹处，第四个氧则位于硅离子的顶部，恰恰把硅离子盖在氧离子的下面。像这样的构造单位，如果连接相邻的三个氧离子的中心，可构成假想的 4 个三角形的面，硅离子位于这 4 个面的中心，所以称这种结构单位为硅氧四面体。在硅氧四面体中，有三个氧位于同一个平面上，成为底氧，剩下的一个位于顶端，成为顶氧，每个氧带有一个负电荷。铝氧八面体的基本结构由 6 个氧（或 OH^-）离子和 1 个铝离子组成。6 个氧离子排列成两层，每层都是由三个氧离子排成三角形，但上层氧的位置与下层氧交错排列，铝离子位于两层氧的中心孔穴内，像这样的构造单位，如果连接相邻的三个氧离子的中心，可构成假想的 8 个三角形的面，铝离子位于这 8 个面的中心，所以称这种单位为铝氧八面体。铝氧八面体中每个氧带有 3/2 个负电荷。

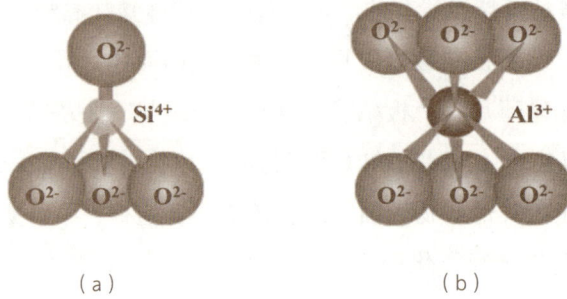

（a）　　　　　　　　　　　（b）　　　　　　　　　彩图

图 2-10　硅氧四面体（a）和铝氧八面体（b）

从化学的角度来看，硅氧四面体（SiO_4）$^{4-}$ 和铝氧八面体（AlO_6）$^{9-}$ 都不是化合物，会聚合起来（图 2-11）。在水平方向上四面体通过共用底部氧的方式，在平面二维方向上无限延伸，排列成近似六边形蜂窝状的四面体片，简称硅片。六角形网眼半径大约为 1.32 埃，这时硅片底部的氧均不带电，但顶端的氧仍然带负电荷。硅片可用 $n(Si_4O_{10})^{4-}$ 表示。同样，铝氧八面体在水平方向上通过上下底部的氧无限延伸。许多个铝八面体相互连接成片称为铝氧八面体片，简称铝片。铝片两层氧都有剩余的负电荷，铝片可用 $n(Al_4O_{12})^{12-}$ 表示。

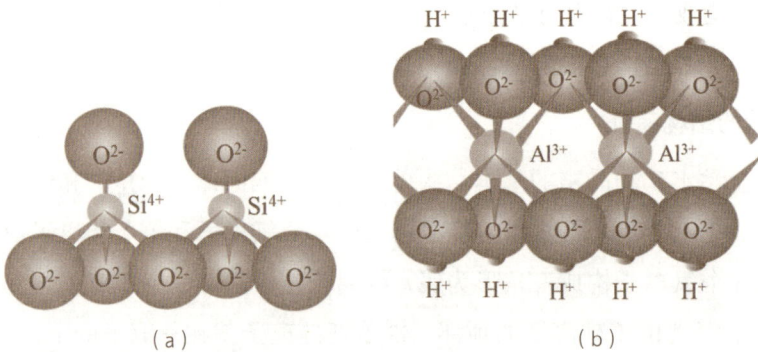

（a）　　　　　　　　　　　（b）　　　　　　　　　彩图

图 2-11　硅氧四面体和铝氧八面体在平面图上相互连接成硅片（a）和铝片（b）

硅片和铝片都带有负电荷，不稳定，必须通过重叠化合才能形成稳定的化合物。

硅片和铝片以不同的方式在C轴方向上堆叠，形成层状硅酸盐的单位晶层。两种晶片的配合比例不同，而构成1:1型、2:1型和2:1:1型晶层，如图2-12所示。1:1型单位晶层由一个硅片顶端的活性氧与一个铝片底层的活性氧通过共用的方式构成。这样，1:1型晶层有一面是氧原子网，另一面全是紧密排列的—OH。2:1型单位晶层由两个硅片夹一个铝片构成。两个硅片顶端的氧都向着铝片，铝片上下两层氧分别与硅片通过共用顶端氧的方式形成单位晶层。因此，2:1型晶层两面都是硅层四面体底面的氧原子网，每个网孔都藏有1个—OH。2:1:1型单位晶层在2:1单位晶层的基础上多了1个八面体片水镁片或水铝片。因此，2:1:1型单位晶层由两个硅片、1个铝片和1个镁片（或铝片）构成。层状硅酸盐黏土矿物的构造如图2-13所示。

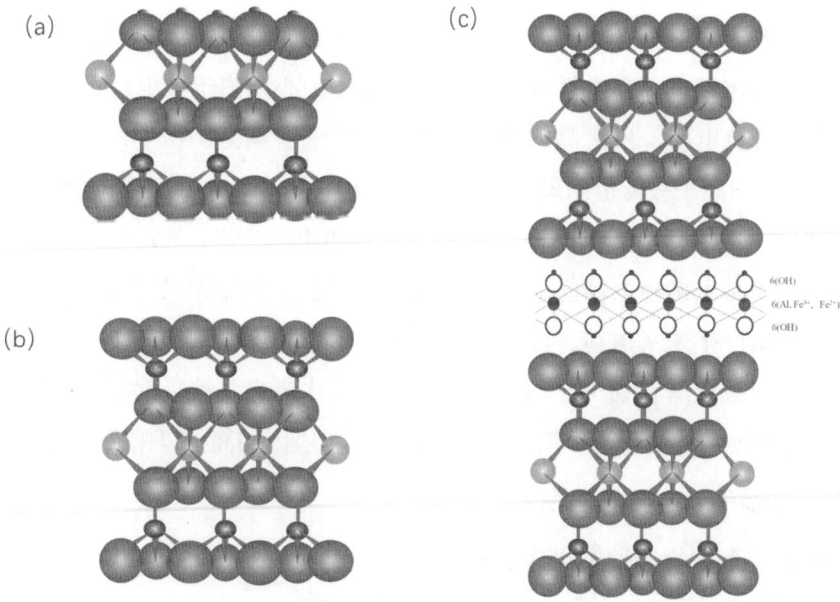

图 2-12　1:1型（a）、2:1型（b）和2:1:1（c）型晶层

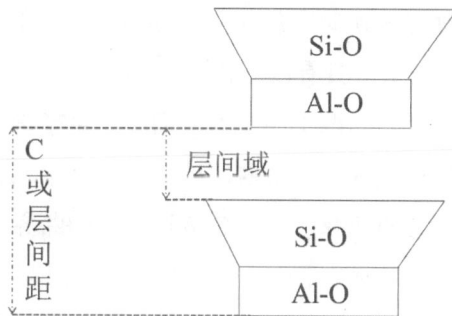

图 2-13　层状硅酸盐黏土矿物的构造

层状硅酸盐黏土矿物是由基本结构层重复堆叠而成的。相邻的基本结构层之间的空间为层间域（I）。层间域中可以有物质存在，也可以没有物质存在。存在于层间域中的物质，称为层间物，如埃洛石中的水、云母类矿物中的阳离子。基本结构层与层间域组成单位构造。单位构造的高度是层间距（C）。

（二）同晶替代现象

同晶替代指在矿物形成时，晶格中的某离子被别的大小相近、电荷符号相同的离子取代，但晶体结构基本不变，又称同晶置换。替代和被替代离子的大小要相近，只有这样才能保证替代后晶形不发生改变。如 Fe^{3+} 离子的半径为 0.064nm，与八面体的中心离子 Al^{3+} 离子的半径（0.057nm）相近，可发生替代而不改变晶形。替代和被替代离子的电性必须相同，电价可以同价或等价。如果替代的两个离子是同价的，互换的结果是晶形不变，且晶体内部仍保持电性中和。如果替代的离子电价不等，互换的结果是晶体带电。其电性或正或负，如晶体中心阳离子被电价低的阳离子替代，这时晶体带负电荷，反之晶体带正电荷。在硅酸盐黏土矿物中，最普遍的同晶替代现象是高价阳离子被低价阳离子取代，如四面体中的 Si^{4+} 被 Al^{3+} 离子所替代，八面体中 Al^{3+} 被 Mg^{2+} 替代。因此，土壤黏土矿物一般以负电荷为主。同晶替代现象在 2∶1 型和 2∶1∶1 型黏土矿物中较普遍，而 1∶1 型的黏土矿物中则没有或极少。同晶替代的结果使土壤产生永久电荷，能吸附土壤溶液中带相反电荷的离子。被吸附的离子通过静电引力被束缚在黏土矿物的表面，避免随水流失。被吸附的离子可通过交换作用被植物吸收。土壤黏土矿物以带负电荷为主，吸附的离子以阳离子为主。

（三）层状硅酸盐的基本类型与特征

土壤中硅酸盐黏土矿物的种类很多。根据构造特点和性质，可以将其归纳为 4 个类组，主要有高岭组、蒙脱组、水化云母组、绿泥石组矿物。

1. 高岭组矿物特征（1∶1 型矿物）

高岭组矿物是硅酸盐黏土矿物中结构最简单的一类。这组矿物主要有高岭石、珍珠陶土、迪恺石、埃洛石等。具有以下特点：晶层结构为 1∶1 型。单位晶胞的分子式可表示为 $Al_4Si_4O_{10}(OH)_8$。两个晶层的层面间产生了键能较强的氢键，膨胀性小。高岭石层间间距约为 0.72nm。晶层内部硅片和铝片中没有或极少有同晶替代现象。表面带负电，其负电荷的来源，一是晶体外表面的断界，二是晶体表面羟基在碱性及中性条件下的解离，电荷数量少，阳离子交换量只有 3 ～ 15cmol(+)/kg。高岭组矿物胶体特性较弱，虽然矿物颗粒大小在胶体范围，但颗粒较其他的硅酸盐矿物要粗，外形片状，有效粒径在 $0.2 \sim 2\mu m$，较粗；颗粒的总表面积相对较小，只有外表面，无内表面；黏着力、黏着性、可塑性、吸湿性等较弱。高岭组矿物主要分布在南方热带和亚热带土壤中，在华北、西北、东北及西藏高原土壤中含量很少。

2. 蒙蛭组特征（2∶1 型膨胀性矿物）

这一组矿物主要有蒙脱石、绿脱石、拜来石、蛭石等。具有以下特征：晶层结构为 2∶1 型。单位晶胞的分子式可表示为 $Al_4Si_8O_{20}(OH)_4 \cdot nH_2O$。该组矿物晶层的顶层和底层两个基面都由 Si–O 面构成，所以当两个晶层相互重叠时，晶层间只能形成很小的分子引力，结合力很弱。晶层的间距因水分的进入而扩张，因失水而收缩，胀缩性大，如蒙脱石晶层间距变化在 $0.96 \sim 2.14nm$。该组矿物电荷数量大，同晶替代现象普遍。阳离子交换量为 $80 \sim 120cmol(+)/kg$。该组矿物胶体特性突出，既有外表面，又有丰富的内表面；颗粒外形是片状，颗粒较小，有效直径在 $0.01 \sim 1\mu m$，其黏结性、黏着性、可塑性强和吸湿性都特别显著，对耕作不利。这组矿物主要分布在我国东北的黑钙土和华北的栗钙土中。

3. 水化云母组（2∶1 型非膨胀性矿物）

该组矿物晶层结构与蒙脱石相似，属于 2∶1 型晶层结构。伊利石是其主要代表。分子式为 $K_2(Al \cdot Fe \cdot Mg)_4(SiAl)_8O_{20}(OH)_4 \cdot nH_2O$。在伊利石晶层之间吸附有钾离子，钾离子半陷在 6 个氧原子所构成的晶穴内。它同时受相邻两晶层负电荷的吸附，因而对相邻两层产生了很强的键联效果，连接力很强，使晶层不易膨胀。伊利石晶层的间距为 $1.0nm$。同晶替代较普遍，电荷数量较大，但部分电荷被 K^+ 中和。阳离子交换量为 $20 \sim 40cmol(+)/kg$，介于与高岭石与蒙脱石之间。颗粒大小，其可塑性、黏结性、黏着性和吸湿性都介于高岭石和蒙脱石之间。伊利石广泛分布于我国多种土壤中，尤其在华北、西北干旱地区的土壤中含量很高，而在南方土壤中含量很低。

4. 绿泥石组（2∶1∶1 型）

该组矿物以绿泥石为代表，是富含镁、铁及少量铬的硅酸盐黏土矿物，属 2∶1∶1 型晶层结构。绿泥石的分子式为 $(Mg \cdot Fe \cdot Al)_{12}(SiAl)_8O_{20}(OH)_{16}$；硅片、铝片和水镁片中都存在程度不同的同晶替代现象，除含有镁、铝、铁等离子外，有时也含有铬、锰、镍、铜等离子，因此元素组成变化较大，阳离子交换量为 $10 \sim 40 cmol(+)/kg$。颗粒较小，其可塑性、黏结性、黏着性和吸湿性居中。土壤中的绿泥石大部分由母质遗留而来，但也可能由层状硅酸盐矿物转变而来。沉积物和河流冲积物中含较多的绿泥石。

二、非硅酸盐黏粒矿物——氧化物类

除结晶态层状硅酸盐外，土壤黏粒还含有一类结构比较简单、水化程度不等的铁、锰、铝、硅的氧化物及其水合物和水铝英石。这些氧化物既可呈结晶质状态，也可以非晶质状态存在。无论是结晶质还是非晶质的氧化物，其电荷都不是通过同晶替代获得的，而是通过质子化和表面羟基氢离子的离解得到的，既可带正电荷也可带负电荷，这决定于土壤溶液中氢离子浓度的高低。如：

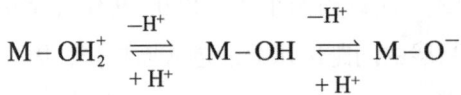

$$M-OH_2^+ \underset{+H^+}{\overset{-H^+}{\rightleftharpoons}} M-OH \underset{+H^+}{\overset{-H^+}{\rightleftharpoons}} M-O^-$$

式中：M代表铁、铝、锰、硅等原子。当表面羟基失去一个氢离子后，表面就带负电荷。当表面羟基吸附 1 个氢离子后，表面就带正电荷。

土壤中常见的氧化物分为以下几种。

1. 氧化铁

土壤中常见的氧化铁矿物是赤铁矿和针铁矿。针铁矿呈黄色或棕色，针状，在温带、亚热带与热带的土壤中大量存在。赤铁矿呈红色，六角板状，少量赤铁矿的存在也会使土壤看起来呈红色。赤铁矿在高温、潮湿、风化程度很深的红色土壤中存在较多。赤铁矿和针铁矿在土壤中都可以呈胶膜质包被在土壤颗粒的表面。

2. 氧化铝

土壤中常见的氧化铝矿物是三水铝石，主要分布在热带和亚热带高度风化的酸性土壤中。土壤中三水铝石的含量可作为脱硅富铝作用的指标。就水平地带性土壤而言，我国北方石灰性的土壤中不含三水铝石，大致在北纬30°以南地区的土壤中才出现三水铝石。非晶质的铁铝氧化物可以吸附阴离子。如氧化铝可吸附土壤中的磷酸根离子，使磷被固定，失去其有效性。

3. 水铝英石

无定形硅酸铝（$x\,Al_2O_3 \cdot y\,SiO_2 \cdot n\,H_2O$），由氧化硅、氧化铝和水组成，Si/Al 比在 1 到 2 之间变化。水铝英石具有较高的阳离子交换量，为 $10 \sim 15 cmol(+)/kg$。水铝英石具有较大的表面积，表面积一般为（$70 \sim 300$）$\times 10^3 m^2/kg$。水铝英石是火山灰土壤的主要黏粒矿物。温带湿润地区的灰化土、热带地区玄武岩发育的幼年土的心土层中也常存在水铝英石。

4. 氧化硅

土壤黏粒中的氧化硅有结晶质和非晶质两种形态。结晶态氧化硅主要是 α-石英，非晶质的氧化硅主要是蛋白石（$SiO_2 \cdot nH_2O$）。蛋白石经进一步脱水结晶后可变为玉髓、石英、方英石和磷石英。蛋白石呈致密状或钟乳状，纯的蛋白石无色，但其常因混入不同杂质而呈红、黄、褐、绿等各种颜色。蛋白石广泛分布于火山灰来源的土壤中。土壤中蛋白石含量常与土壤腐殖质含量有关。

【本章主要知识点】

1.重点理解土壤的形成过程。

2.掌握原生矿物、次生矿物和质地分类标准。

3.掌握不同质地土壤与肥力的关系。

4.掌握层状硅酸盐黏土矿物种类及一般特性。

5.理解同晶替代的概念和发生同晶替代的条件。

【思考题】

1.通常将土粒划分为几个粒级？不同粒级的性质有何差异？

2.为何不同质地的农业生产性状不同？

3.何为土壤矿物质？它有何重要作用？

4.区别高岭石和蒙脱石的结构与理化性质。

第三章

土壤有机质

土壤有机质是土壤的固相组成部分。虽然它的数量远比矿物质部分少，但在肥力上的作用并不次于后者。土壤有机质的数量和种类是土壤生态系统和土壤肥力水平的反映。对自然土壤来说，有机质的积累和分解是生物小循环的集中表现。而耕作土壤的有机质含量，则与耕作施肥水平有关。一般耕层土壤的有机质含量在 1% ～ 5%，但它却是重要的养分来源，尤其是氮和磷，且对土壤理化性质、微生物活动和各肥力因素都有深刻影响。

第一节　土壤有机质的来源和组成

一、土壤有机质定义

土壤有机质是土壤固相的重要组成部分。它好像土壤的肌肉一样，而矿物质土粒像骨骼一样，两者紧密地结合在一起。广义上，土壤有机质指以各种形态存在于土壤中的含碳有机化合物，包括土壤中各种动、植物残体，微生物体及其分解和合成的有机物质。根据分解程度可分为新鲜的有机物质、半分解的有机质和腐殖质。其中，新鲜的有机物质指刚进入土壤仍然保持原来生物体解剖学特征的动植物残体，它们基本未受微生物的分解，是土壤有机质的基本来源。半分解的有机质指多少受到微生物分解的动植物残体，已失去解剖学上的特征，多为暗褐色的碎屑或小块。腐殖质指经过微生物分解和再合成的有机物质，主要是腐殖酸类物质，与矿物质土粒紧密结合，是土壤有机物质存在的主要形态，占土壤有机质总量的 85% ～ 90%。严格地讲，前两者不是土壤有机质，只有腐殖质才是土壤有机质。但是由于不可能将它们完全分开，一般把部分半分解的有机质和全部的腐殖质都称为土壤有机质。

所以，从狭义上讲，土壤有机质指有机残体经微生物作用形成的一类特殊、复杂、性质比较稳定的高分子有机化合物（腐殖酸）。

二、土壤有机质含量

由于各地的自然条件和农业经营水平不同，土壤有机质含量差异很大。通常在其他条件相似的情况下，有机质含量的多少，可反映土壤肥力水平的高低。一般把有机质含量 > 20% 的土壤称有机质土壤，如泥炭土；把有机质含量 <20% 的土壤称矿质土壤。一般耕作土壤的有机质含量在 0.5% ～ 5%。东北地区的土壤有机质含量最高，不少超过 5%，如东北黑土。华北、西北地区很多土壤有机质含量 <1%。不同土壤中有机质的含量差异很大，其实际含量与气候、植被、地形、土壤类型、耕作措施等影响因素密切相关。如，耕作等农业措施常使表层土壤充分混合，土壤通气性增加，导致土壤有机质分解加快；近年来，耕作复种指数提高，大部分收获物被取走，有机质减少。表 3-1 是第二次土壤普查时（1979—1985 年）全国各省（区、市）耕地土壤有机质平均含量，全国耕地土壤有机质平均含量是 1.86%。2014 年，全国农业技术推广服务中心组织专家对测土配方施肥土壤基础五项检测数据和空间数据进行审核后编辑出版了《测土配方施肥土壤基础养分数据集》（2005—2014 年），显示全国农田耕层土壤有机质平均含量为 2.47 %。耕层土壤有机质平均含量较全国第二次土壤普查时期有所提高。但是，由于中国农田土壤的利用强度高，据研究，中国土壤有机质含量与国外相比仍然偏低，如中国土壤和欧洲同类土壤相比，棕壤平均低 1.5% ～ 2.0%，褐土低 1.0%，黑钙土低 5.0% 左右。土壤有机质含量降低导致土

表 3-1　全国各地耕地土壤有机质状况（第二次土壤普查数据）

省（区、市）	有机质/(g/kg)	省（区、市）	有机质/(g/kg)	省（区、市）	有机质/(g/kg)	省（区、市）	有机质/(g/kg)
北京	14.82	上海	25.99	湖北	22.28	西藏	26.92
天津	14.88	江苏	16.09	湖南	29.37	陕西	10.86
河北	12.60	浙江	28.18	广东	22.65	甘肃	14.73
山西	10.93	安徽	16.32	广西	26.28	青海	24.72
内蒙古	19.94	福建	24.00	海南	18.71	宁夏	11.91
辽宁	15.22	江西	25.83	四川	18.62	新疆	16.29
吉林	24.40	山东	9.80	贵州	31.00	全国平均	18.63
黑龙江	37.48	河南	12.54	云南	30.06		

壤生产力下降已成为世界各国关注的问题。我国人多地少、复种指数高，保持适量的土壤有机质含量是我国农业可持续发展的一个重要因素。

三、土壤有机质的来源

在风化和成土过程中，最早出现于母质中的有机体是微生物，所以对原始土壤来说，微生物是土壤有机质的最早来源。随着生物的进化和成土过程的发展，动植物残体及其分泌物就成为土壤有机质的基本来源。在自然土壤中，地面植被残落物和根系是土壤有机质的主要来源，如树木、灌丛、草类及其残落物，每年都向土壤提供大量有机残体。在农业土壤中，土壤有机质的来源较广，主要有作物的根茬、还田的秸秆和翻压绿肥，人畜粪尿、工农副产品的下脚料（如酒糟、亚胺造纸废液等），城市生活垃圾、污水，土壤微生物、动物（如蚯蚓、昆虫等）的遗体及分泌物。虽然土壤中的小动物和微生物的个体很多，它们死亡后也是土壤有机质的来源之一，但是按它们的总重量计是很少的。另外，人为施用的各种有机肥料（厩肥、腐殖酸肥料、污泥以及土杂肥等），也是土壤有机质的来源之一。其中，耕地土壤中自然植被已不存在，主要来自作物根的分泌物、根茬、枯枝落叶以及人们每年施入的有机肥料（绿肥、堆肥、沤肥和厩肥等）。

四、土壤有机质的简单有机化合物

进入土壤的有机质相当复杂。作为土壤有机质最主要来源的各种植物残体其化学组成和各种成分的含量，因植物种类、器官、年龄等的不同而有很大的差异。植物残体干物质中碳、氧、氢和氮，占元素总量的90%～95%，其中大多数植物中碳占40%左右。此外，进入土壤的还有植物和微生物必不可少的营养元素磷、钾、钙、镁、铁、锌、铜、硼、钼、锰等。植物残体中主要的有机化合物有碳水化合物、木质素、蛋白质、树脂、蜡质等。其中碳水化合物是植物残体中最主要的有机化合物，包括单糖、淀粉、纤维素、半纤维素等。木质素是一类带环结构的复杂有机化合物，存在于成熟的植物组织尤其是木本植物组织中，在土壤中很难分解。蛋白质含6%左右的氮及少量的硫、锰、铜、铁等元素。较简单的蛋白质容易降解，但复杂的粗蛋白质则相对难降解。树脂和蜡质比碳水化合物复杂，但比木质素简单，它们主要存在于植物种子中。因此，土壤有机质中常见的简单有机化合物有糖类及相近化合物、纤维素、半纤维素、脂肪、树脂、蜡质、单宁、木质素、含氮化合物等。土壤有机质的元素组成以碳、氧、氢和氮为主，四种元素的质量占90%以上，其中含碳量平均 58%，因此，土壤有机质的含量大致是有机碳含量的 1.724 倍。另外，有机质中还含有多种灰分元素。灰分指植物体灼烧后残留下来的成分总称，它包括许多植物营养元素，主要是钙、镁、钾、钠、硅、磷、硫、铁、铝、锰等。一般，有机质中灰分元素约占 8%。

第二节　土壤有机质的转化

从化学的角度来看，自然界物质的转化有两种方式，即分解方式和合成方式。分解方式指从复杂的物质向简单的物质转化。合成方式指从简单的物质向复杂的物质转化。各种动植物有机残体进入土壤后的分解和合成方式，可以归结为矿质化和腐殖化两个对立的过程。土壤有机质的分解与合成如图 3-1 所示。

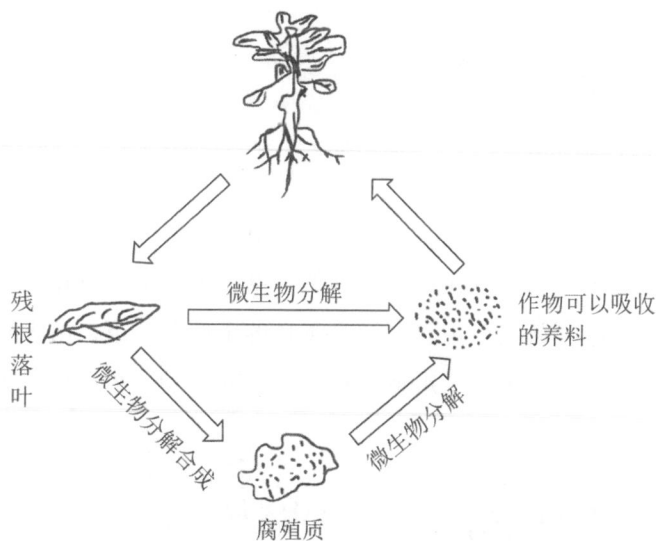

图 3-1　有机质的分解与合成

一、有机质的矿质化过程

有机质在土壤微生物及其酶的作用下发生氧化反应，彻底分解而最终释放出二氧化碳、水和能量，所含氮、磷、硫等营养元素在一系列特定反应后释放，成为植物可利用的矿质养料，这一过程称为有机质的矿质化过程，简称矿化作用。可用下式来表示，R 为含碳和氢的化合物。

$$R\text{-}(C, 4H)+O_2 \xrightarrow{\text{酶}} CO_2+H_2O+能量$$

有机质的矿化作用为植物和土壤微→生物提供了养分和活动能量，其中间产物又是形成腐殖质的基本材料。因此，有机质的矿化作用直接或间接地影响土壤性质并为合成腐殖质提供物质来源。

（一）简单含碳有机化合物的矿化过程

碳水化合物中，糖类和淀粉容易被微生物分解，而纤维素和半纤维素不容易分解。大多数有机酸容易降解，而脂肪、蜡质、树脂等可以在土壤中存留很长时间。木质素是一类复杂的酚类聚合物，比碳水化合物要稳定得多，木质素难分解，但在专性细菌的作用下也能缓慢分解。碳水化合物在真菌和细菌所分泌的糖类水解酶的作用下，分解成为葡萄糖。

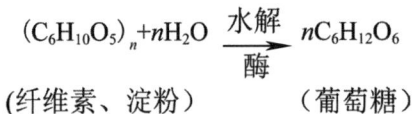

$$(C_6H_{10}O_5)_n+nH_2O \xrightarrow[\text{酶}]{\text{水解}} nC_6H_{12}O_6$$

（纤维素、淀粉） （葡萄糖）

葡萄糖在好氧条件下，在酵母菌和醋酸细菌等微生物作用下生成简单有机酸、醇类和酮类。这些中间物质，在空气流通的土壤环境中继续氧化，最后完全分解成二氧化碳和水，同时释放出热量。在通气不良的土壤条件下，由厌氧细菌和兼性厌氧细菌对葡萄糖进行无氧分解，形成有机酸类中间产物，最后产生甲烷、氢气等还原性物质。

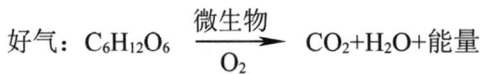

好气：$C_6H_{12}O_6 \xrightarrow[O_2]{\text{微生物}} CO_2+H_2O+能量$

厌气：$C_6H_{12}O_6 \xrightarrow[\text{缺氧}]{\text{丁酸细菌}} CH_3CH_2CH_2COOH+H_2+CO_2+能量$

$H_2+CO_2 \xrightarrow[\text{缺氧}]{\text{甲烷细菌}} CH_4+H_2O$

土壤碳水化合物的分解过程是极其复杂的，在不同的环境条件下，不同类型微生物的作用下，分解过程不同。这种分解过程实质上是能量的释放过程。这些能量是促进土壤中各种生物化学过程的基本动力，是土壤微生物生命活动所需能量的重要来源。一般来说，在缺氧条件下，各种碳水化合物分解形成还原性产物时释放出的能量比在好气条件下所释放的能量要少很多，所产生的甲烷、氢气等还原物质，对植物生长不利。

（二）简单含氮有机化合物的矿化过程

土壤中含氮有机化合物可分为两种类型：第一种是蛋白质型，如各种类型的蛋白质；第二种是非蛋白质，如几丁质、尿素和叶绿素等。这些物质在土壤中均在微生物分泌的酶的作用下，最终分解为无机态氮，主要是铵态氮和硝态氮。

氮矿化过程同样分为两个阶段：第一阶段为氨基化阶段。此阶段各种复杂的含氮化合物如蛋白质、氨基糖及核酸等在微生物酶的水解下，逐级分解成简单的氨基化合物。第二阶段为氨化阶段，即经氨基化作用产生的氨基酸等简单的氨基化合物，在微生物参与下，进一步转化释放出氨的过程。氨化过程在好气、缺氧条件下均可进行，但不同种类微生物的作用不同。铵态氮在氧气存在的条件下，被氧化成亚硝态氮，而后可进一步氧化变成硝态氮，这个过程称为硝化过程，其反应方程如下：

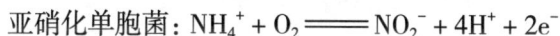

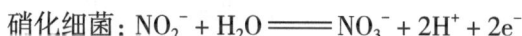

亚硝化单胞菌：$NH_4^+ + O_2 \Longrightarrow NO_2^- + 4H^+ + 2e^-$

硝化细菌：$NO_2^- + H_2O \Longrightarrow NO_3^- + 2H^+ + 2e^-$

硝化过程是一个氧化过程，由于亚硝酸转化为硝酸的速度一般比铵转化为亚硝酸的速度要快，所以土壤中亚硝酸盐的含量在通常情况下是比较少的。硝态氮在低氧的条件下，又可逐步被还原成氮气（N_2），这个过程称为反硝化过程，也称脱氮作用。其反应方程如下：

$$4NO_3^- + 5CH_2O + 4H^+ \Longrightarrow 2N_2 + 5CO_2 + 7H_2O \qquad （\Delta_r G_m = -333kJ/mol）$$

二、有机质的腐殖化过程（腐化作用）

（一）腐化作用

土壤有机质在微生物作用下，分解成简单的无机化合物，经过生物化学作用，又可以重新合成新的、更复杂的而且比较稳定的特殊的高分子有机化合物，即腐殖质。土壤腐殖质的形成过程简称腐化作用。腐殖质在土壤中非常稳定，但在一定条件下也可以进行缓慢的分解。腐化作用是一系列极端复杂过程的总称，其中主要是以微生物为主导的生物和生物化学过程，还有一些纯化学的反应。

（二）关于腐殖物质的形成

关于腐殖质的形成过程，众说纷纭。近年的研究虽提供了一些新论据，但整个作用过程现在均未定论。多元酚理论为多数人所接受，主要包括两个阶段（图3-2）。

第一阶段是产生构成腐殖质基本组成的原始材料，即植物残体分解产生简单的有机碳化合物，如多元酚、糖类、氨基酸，可以看作土壤腐殖质的基本结构单元；第二阶段是合成阶段，多元酚化合物在酚氧化酶作用下氧化生成醌类化合物，随后醌与含氮化合物反应聚合形成大分子的类腐殖物质，先形成富啡酸，进一步聚合后再依次形成胡敏酸和胡敏素。

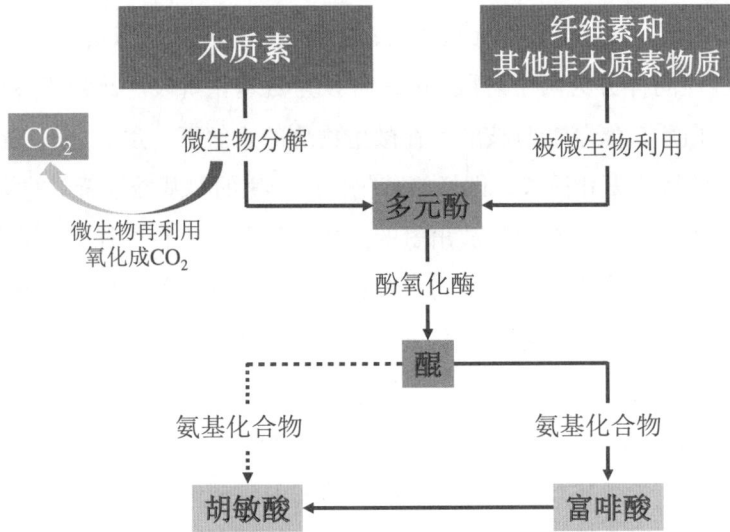

图 3-2 形成腐殖质的多元酚理论

上述只是假想的反应过程，形成的腐殖质只是单体分子。实际上，土壤中腐殖质的分子结构及组成要复杂得多。腐殖质没有固定的分子式和分子量，它们是一类在组成和结构上类似而又不尽相同的多聚体的统称。其共同特点都是具有芳香核结构化合物和含氮有机化合物，还有大量的脂肪族或碳水化合物的支链。其不同之处是分子的复杂程度不同，各种组分所占的比例也有差异。

三、矿质化和腐殖化的关系

土壤有机质的矿质化过程和腐殖化过程是既互相对立又互相联系、既互相独立又互相渗透的两个过程。每年因矿化而消耗的有机质量占土壤有机质总量的百分数，称为土壤有机质的矿化率。每克有机物（干重）施入土壤后，所能分解转化成腐殖质的克数（干重）称为腐殖化系数。矿质化过程是有机质释放养分的过程，也是为腐殖质合成提供原料的过程，没有矿质化过程就没有腐殖化过程。腐殖化过程的产物即腐殖质，并不是一成不变的。它可以再经过矿质化过程释放养分以供植物吸收利用。在有氧条件下，微生物活动旺盛，分解作用进行较快且彻底，有机物质分解生成CO_2和H_2O，而N、P、S等则以矿质盐类释放出来，无毒害物质产生，有利于植物生长，但不利于腐殖质的累积。在缺氧条件下，好氧微生物的活动受到抑制，分解作用进行得既慢又不彻底，同时往往还产生有机酸、乙醇等中间产物。在极端缺氧的情况下，还产生CH_4、H_2等还原物质，养料和能量释放很少，对植物生长不利，但缺氧条件下产生的中间产物有利于腐殖质的积累。对于农业生产来说，矿质化作用为植物生长提供了充足的养分，但过强的矿质化作用，则会使有机质分解过快，造成养分浪费，腐殖质难以形成，使土壤理化性质变坏，肥力水平下降，甚至使土壤退化。促进腐殖化作用的进行，不仅有利于提高土壤肥沃度，还可改善土壤的理化性状，因此要辩证地认识土壤有机质转化过程中矿质化过程和腐殖化作用的相互关系。

四、影响土壤有机质分解和转化的因素

有机质是土壤中最活跃的物质。一方面，外来有机物质不断地输入土壤，并经微生物的分解和转化形成新的腐殖质；另一方面，土壤原有有机质不断地被微生物分解和矿化，离开土壤。可见，微生物是土壤有机质分解与转化的主要推动力。因此，凡是能影响微生物活动及其生理作用的因素都会影响有机质分解、转化的强度和速度。

（一）影响有机质转化的环境因素

1.土壤水分和通气情况

土壤水分对有机质分解和转化的影响是很复杂的。土壤中微生物的活动需要适宜的水量。微生物在太干燥的土壤中不能活动，有机质就几乎停止分解。在湿润而氧气供应充足的条件下，好气微生物不受水分和氧气供应的限制而进行强烈的好气分解，有机质分解快、分解完全、释放养料多，无毒害物质产生，有利于植物生长，但不利于腐殖质的累积。当土壤水分过多处于缺氧状态时，由于缺少空气，好气细菌的活动受到限制，有机质的分解主要由厌氧细菌进行，微生物个体数量有所减少，从而改变土壤有机质分解过程和产物。厌氧细菌不依赖游离氧气进行有机质的分解，但是这种无氧分解的速度很慢，而且也很难达到彻底分解，常有大量中间产物（如各种有机酸）产生和积累。在极端缺氧的条件下，会产生沼气和氢气等还原性气体，这些物质对作物生长有毒害作用。因此，在通气不良的条件下，有机质的矿化率低，但有利于有机质的积累。土壤通气性过盛或过差都对土壤不利，要土壤中好气性分解和无氧分解能够配合进行，才能保持适当的土壤有机质，使作物吸收利用有效

养分。

2.温度

温度能影响植物的生长和有机质的微生物分解。一般来说，零度以下，土壤有机质的分解速度很小；0～35℃，提高温度能促进有机质的分解，加速土壤微生物的生物周转，温度每升高10℃，土壤有机质的最大分解速率提高2～3倍。一般土壤微生物活动的最适宜温度为25～35℃，超出这个范围，微生物的活动就会受到明显的抑制。

3.土壤质地

土壤质地影响土壤水汽状况以及微生物的活性，从而影响有机物质的分解。砂质土壤通气良好，好气微生物占优势，有利于土壤有机质分解。一般来说，有机质的含量与黏粒含量具有极显著的正相关，腐殖质与黏粒胶体形成无机–有机复合体，也可防止有机质被分解，免受微生物的破坏。

4.土壤酸碱反应

适于土壤微生物活动的pH大都在中性附近，土壤过酸或过碱微生物的活动都显著受到抑制。多数细菌在pH6～8活性最高，真菌适宜于酸性环境（pH3～6），而放线菌一般适宜于中性或微碱性条件下生长。

5.其他

另外，土壤高盐含量也会破坏土壤微生物和植物。当盐多（＞0.2%）时，就会引起微生物脱水、活动减弱，从而影响有机质分解；土壤中重金属污染物、有机污染物在一定浓度时对微生物有毒害作用，也会影响有机质分解。

（二）植物残体的特性影响有机质转化

1.有机残体的物理状态和组成

新鲜多汁的有机质比干枯秸秆易分解，因为前者含有较高比例的简单碳水化合物和蛋白质，后者含有较高比例的纤维素、木质素等难以降解的有机物。另外，有机物质的细碎程度，影响其与外界因素的接触面，而影响其矿化速率。有机残体中有多种有机化合物交织在一起，就各类有机物质而言，糖类比较容易分解。归纳起来，各种有机物质的分解从易到难依次为葡萄糖、淀粉、半纤维素与果胶、纤维素等，脂肪、蜡质、树脂、单宁和木质素等都是难分解的物质。

2.有机残体的碳氮比

有机残体的碳氮比指有机物质中碳素总量和氮素总量的比值。当有机残体的碳氮比在 25∶1 或 30∶1 时，进入土壤的有机残体分解比较快。碳是微生物活动的能源，又是构成微生物细胞的材料，氮是构成微生物细胞中蛋白质的主要成分。细菌机体本身的碳氮比为（4～5）∶1，相当于细菌每吸收一份碳以组成其自身机体，就需要消耗 4 份碳以获得能量。因此，细菌在其生命活动中，总共要求碳氮比为（20～25）∶1，真菌机体本身碳氮比高，要求的碳氮比也要高一些。所以，一般微生物对碳氮比要求为（25～30）∶1。如果土壤有机物质中C、N丰富，则微生物活动旺盛，有机质分解快。若加入的有机质残体的碳氮比过大，如禾本科秸秆类的碳氮比高达（80～90）∶1，则能源充足，N 素缺乏，微生物活动繁殖受限制，有机质分解慢且形成"与植物争氮"的局面。在这种情况下，如施用少量速效氮肥，可以大大促进有机质的分解。因此，在制造堆肥时，可适当浇些人粪尿，人粪尿中氮素含量较高，而且多为速效性氮素；稻草还田时应配合施用化学氮肥，有利于有机物质的转化。如果有机残体的碳氮比较小，如豆科植物的碳氮比一般在（20～30）∶1，与微生物生命活动所需的碳氮比要求接近，对微生物活动显著有利，有机残体分解就快。

第三节　土壤腐殖质

一、腐殖质的概念和类型

土壤腐殖质是微生物在土壤中新合成的一类组成和结构都很复杂的天然高分子聚合物。土壤腐殖质按其存在状态可分为游离态和结合态腐殖物质。大部分的腐殖质与土壤无机矿物颗粒密切结合在一起，形成有机无机（黏土矿物–腐殖质）的复合体，是有机质的主体。52%～98%的土壤有机质集中在黏粒部分，与盐基离子形成各种腐殖酸盐。通常认为，范德华力、氢键、静电吸附、阳离子键桥等是土壤有机–无机复合体形成的主要作用力（图3-3）。土壤有机–无机复合体形成过程中可能同时有两种或更多作用力，主要取决于土壤腐殖物质类型、黏粒矿物表面交换性离子的性质、表面酸度、系统的水分含量等。

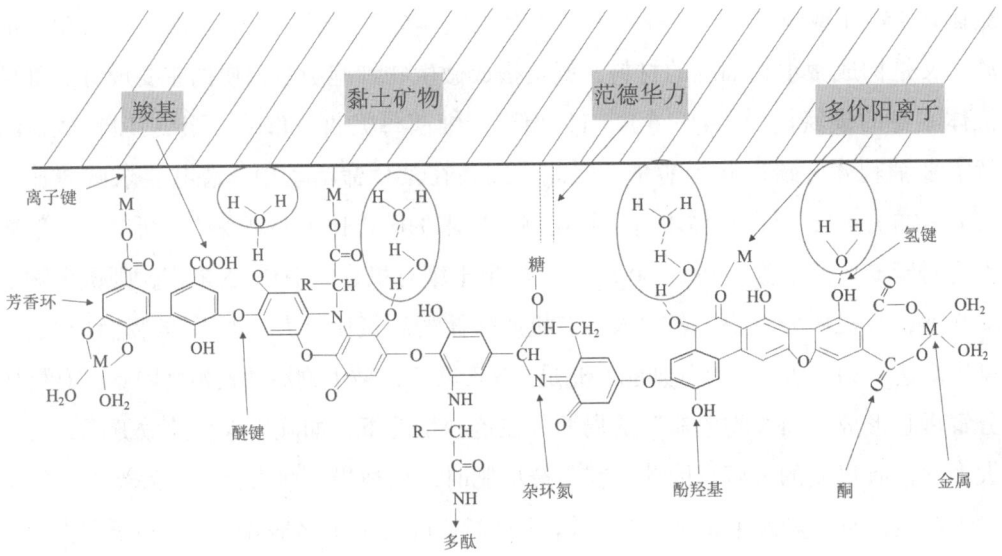

图 3-3 黏土矿物–腐殖质复合体

　　土壤有机–无机复合体难溶于水。想要研究土壤腐殖质的性质，先要用适当的溶剂将它们从土壤中提取出来。目前常用的提取剂有 0.1mol/L NaOH 溶液或者 0.1mol/L NaOH 和 0.1mol/L 焦磷酸钠的混合提取液。根据在碱、酸溶液中的溶解度，可将土壤腐殖质划分为胡敏酸、富啡酸、胡敏素 3 个不同组分。其中胡敏酸（humic acid，HA）是溶于碱但不溶于酸的那部分腐殖质，呈黑色或棕色，分子量较大和功能团较多，带电量多；富啡酸（fulvic acid，FA）是既溶于碱也溶于酸的那部分腐殖质，呈黄色，分子量较小和功能团较少；胡敏素（humin，HM）指与矿物质紧密结合的腐殖质。土壤腐殖质按颜色可分为黄色腐殖质、棕色腐殖质和黑色腐殖质。

　　任何一种土壤中，都既有胡敏酸，也有富啡酸，所以土壤腐殖质实质上是胡敏酸和富啡酸的混合物。目前对富啡酸和胡敏酸的研究较多，它们是腐殖物质中最重要的成分。但胡敏酸与富啡酸两者之间无截然分界线，本质上也无区别，有过渡组分混合物。胡敏素与土壤矿物质部分（尤其是蒙脱石）结合非常紧密，难以分离，基本成分与胡敏酸和富啡酸相似，只是结合得非常牢固。需要特别指出的是，这些腐殖物质组分仅仅是操作上的划分，而不是特定化学组分的划分。

二、腐殖质的理化特征

（一）腐殖质的元素组成

　　腐殖质的主要元素组成主要是 C、H、O、N、P、S 等元素，还有少量的灰分元素，如 Ca、Mg、Fe、Mn 等，含除 K 外的全部植物生长发育所需的养分（因为 K 不能形成有机化合物的稳定成分，故腐殖质中不含 K，但它可吸附钾离子，所以，腐殖质带有全部植物生长发育所需的养分元素）。不过各种土壤中腐殖质的元素组成不完全相同，有的甚至相差极大。腐殖质含碳 55%～60%，平均含碳量 58%；含氮 3%～6%，平均为 5.6%，其 C/N 比值为（10～12）：1。表 3-2 是我国主要土壤表土中腐殖物质的元素组成。富啡酸的氧、硫含量大于胡敏酸，胡敏酸的碳、氮含量大于富啡酸。

表 3-2　我国主要土壤腐殖质的元素组成

腐殖酸	C 所占百分比 /%	H 所占百分比 /%	O+S 所占百分比 /%	N 所占百分比 /%
胡敏酸（HA）	50～60	3.1～5.3	31～40	2.8～5.9
富啡酸（FA）	45～53	4.0～4.8	40～50	1.6～4.3

引自熊顺贵主编《基础土壤学》

（二）腐殖酸的分子结构特征

腐殖质是高分子聚合物，其分子结构十分复杂。关于它的分子结构科学界已提出了多种模型，如图 3-4 是由 Stevenson（1982）提出的胡敏酸模型。各种腐殖质结构模型差异甚远，缺乏一致性，因此对它的认识还很不清楚。但这些结构模式也有相对统一的认识，即腐殖质是中心以醌型芳香核物质为核心构成的碳网交联结构，表面带有甲氧基（—OCH_3）、羧基（—COOH）、羟基（—OH）、胺基（—NH_2）、羰基（—C＝O）等功能团，连有多肽或脂肪族侧链、氨基糖及多糖、杂环态氮等。腐殖质的芳香核通常由 5～6 个苯环或杂环构成，主要有苯环、萘、蒽醌、呋喃和吡啶等环，连接腐殖质的芳香核的桥键有单桥键和双桥键，如—O—、—CH_2—、—S—、—N—等。腐殖酸中的活性基团具有弱酸性、亲水性、离子交换性、络合性、氧化还原性及较高的吸附性能。据报道，腐殖质相对分子质量的变动范围为几至几百万，分子形状呈球形或短柱形。在同一土壤中，富啡酸的平均相对分子质量较小，胡敏素的平均相对分子质量最大，胡敏酸处于富啡酸和胡敏素之间。腐殖质的整体结构并不紧密，整个分子表现出非晶质特征，具有较大的比表面积，比表面可达 $2000m^2$/g，远大于黏土矿物和金属氧化物的比表面积。

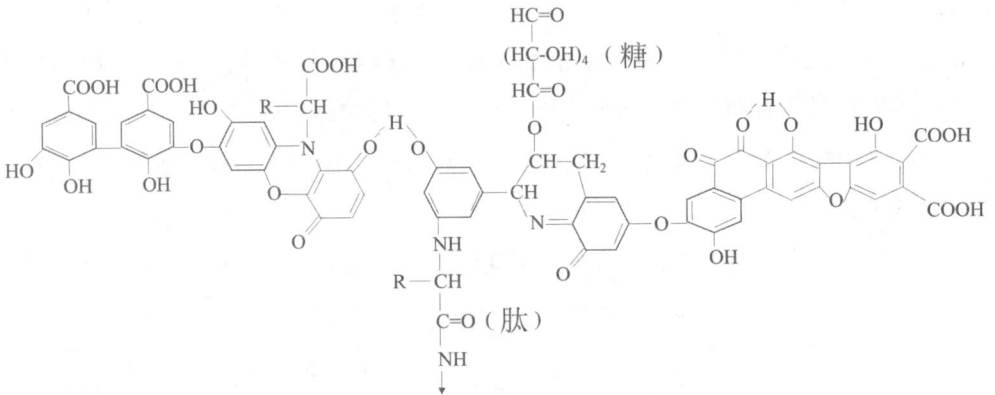

图 3-4　胡敏酸结构模型图（Stevenson，1982）

（三）腐殖酸的活性功能团和电性

腐殖酸分子中含各种功能基，其中主要是含氧的酸性功能基，如羧基、酚羟基、羰基、醌基、醇羟基、甲氧基等。羧基是最重要的功能基团。据报道，土壤腐殖质重量的 26% 以上是功能团。富啡酸的羧基、酚羟基含量以及羧基解离度均较胡敏酸高，醌基较胡敏酸低；胡敏素的醇羟基比富啡酸和胡敏酸高；富啡酸中羰基含量最高。表 3-3 是我国主要土壤中腐殖物质的含氧功能基，可见土壤中富啡酸的羧基含量是胡敏酸的 2 倍左右。腐殖物质的总酸度通常指羧基和酚羟基的总和，总酸度：富啡酸＞胡敏酸＞胡敏素；富啡酸的总酸度最高主要是由于其有较高的羧基含量。总酸度数值的大小与腐殖物质的活性有关，一般较高的总酸度意味着有较高的阳离子交换量和络合容量。羧基在 pH 为 3 时质子开始解离，产生负电荷，酚羟基在 pH 超过 7 时才开始解离，羧基和酚羟基的脱质子解离随着 pH 的升高而增加，负电荷也随之增加，如图 3-5 所示。羧基、酚羟基等功能基的解离以及氨基的质子化，使腐殖酸分子具有两性胶体的特性。腐殖酸可以带负电荷，也可以带正电荷。在通常的土壤 pH 条件下，腐殖质以带负电荷为主，腐殖质因带负电荷而产生的阳离子交换量（CEC）为 $500 \sim 1200 \text{cmol(+)/kg}$，远超过土壤硅酸盐黏土矿物对土壤 CEC 的贡献，因此保肥力强。

表 3-3　我国主要土壤中腐殖质的含氧功能团

含氧功能团	胡敏酸 /（cmol(+)/kg）	富啡酸 /（cmol(+)/kg）
羧基	275～481	639～845
酚羟基	221～347	143～257
醇羟基	224～426	515～581
醌基	90～181	54～58
酮基	32～206	143～254
甲氧基	32～95	39

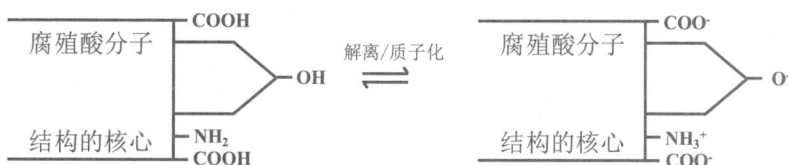

图 3-5　腐殖酸的电荷来源

（四）腐殖酸的溶解度、颜色和吸水性

胡敏酸不溶于水，其一价盐如钾、钠、铵盐可溶于水，其 Ca、Mg、Fe、Al 等多价盐类溶解度显著降低，所以胡敏酸的纯度影响其溶解性。富啡酸的水溶性比胡敏酸的大得多，其一价、二价、三价盐类均能溶于水。腐殖酸整体呈黑色，而其不同组分腐殖酸的颜色略有深浅之别。胡敏酸及其盐类呈棕色至黑色，富啡酸呈黄色至淡棕色。另外，腐殖酸是一种亲水胶体，有强大的吸水性，最大吸水量可超过其本身重量的 500%，在饱和水汽中，吸水量可达本身重一倍以上。

（五）腐殖酸的稳定性和变异性

在温带，一般植物残体的半分解周期短于 3 个月，植物残体形成的新的有机质的半分解期为 4.7～9 年，而胡敏酸的平均停留时间为 780～3000 年，富啡酸的平均停留为 200～630 年。不同的土壤腐殖物质的含量、各组分的比例、各组分的复杂程度等有差异。土壤腐殖物质的胡敏酸（HA）/富啡酸（FA）值是土壤腐殖质变异的指标之一。通常用它来说明腐殖质的形成条件和分子的复杂程度。在我国由东向西，从草甸草原向干旱草原、荒漠草原和荒漠土壤过渡，土壤腐殖质含量逐渐减少，胡敏酸的相对含量、分子量和芳化度也逐渐降低，HA/FA 的值逐渐降低。我国北方大多数土壤的 HA/FA ＞ 1，说明腐殖质以胡敏酸占优势；我国南方土壤的 HA/FA ＜1，说明腐殖质以富啡酸占优势。在同一地区，水稻土腐殖质的 HA/FA 大于旱地的 HA/FA，熟化程度高的土壤腐殖质的HA/FA比值较大。

第四节　土壤有机质在肥力上的作用

土壤有机质的含量与土壤肥力水平是密切相关的。虽然有机质仅占土壤总量的很小一部分，但它在土壤肥力上起着多方面的作用。通常在其他条件相似的情况下，在一定含量范围内，有机质的含量反映了土壤的肥力水平。

一、土壤有机质是植物营养的主要来源

土壤有机质含有大量的营养元素，在矿化分解过程中这些营养元素会释放出来，供植物吸收利用。如土壤全氮的92%～98%都储藏在有机质的有机态氮中。而有机态氮主要集中在腐殖质中，一般是腐殖质含量的5%。土壤有机质中还有有机态磷，一般占土壤全磷的20%～50%。有机质的分解会释放出速效磷能供植物吸收利用，所以土壤有机质是土壤速效磷的重要来源。有机质矿质化过程分解产生的CO_2是植物碳素营养的重要来源。土壤有机质中还含有其他植物和微生物所需的各种营养元素，经过微生物的分解都可以转化为简单的无机化合物被植物吸收利用。

二、土壤有机质可改善土壤物理性状

腐殖质是土壤团聚体的主要胶结剂，可促进土壤团粒结构的形成。土壤中的腐殖质很少以游离态形式存在，多和矿质土粒相互结合，包被于土粒表面形成有机-无机复合体，所形成的团聚体大小孔隙分配合理，且具有水稳性，是较好的结构体。土壤有机质特别是腐殖质的黏结力比黏粒小。其覆盖在黏粒的表面，减少了黏粒间的直接接触，可以降低黏粒间的黏结力。有机质的胶结作用可形成较大的团聚体，进一步降低黏粒间的接触面，使土壤的黏性大大降低，土壤的耕性及通透性等得以改善。同时，有机质还能通过改善黏性降低土壤的胀缩性，防止土壤干旱时出现大的裂痕。土壤腐殖质的黏结力和黏着力低于黏粒，高于砂粒，因此土壤有机质可以降低砂粒的分散性。此外，腐殖质为棕色、黑色和褐色物质，它包被土粒后，土壤颜色变暗，可增加土壤吸热的能力。同时腐殖质热容量比空气、矿物质大，而比水小，导热性居中。因此，土壤有机质含量较高，土温相对较高且变幅不大，保温性好。

三、土壤有机质可增强土壤的保肥性和缓冲性

土壤有机质不但含有大量养分，而且有强大的保肥能力。腐殖质表面的酸性功能团的解离，使腐殖质成为带负电荷的有机胶体，从而可吸附土壤溶液中的交换性阳离子，如K^+、NH_4^+、Ca^{2+}、Mg^{2+}等。这些离子一旦被吸附后，就不会随水流失，而且能随时被根系附近氢离子或其他阳离子交换出来，供植物吸收利用，不失其有效性。从吸附性阳离子的有效性来看，腐殖质与黏粒矿物的作用一样，但单位质量腐殖质保存阳离子养分的能量比矿质胶体大 20 ～ 30 倍，所以提高土壤有机质含量，能大大增强土壤保蓄养分的能力。

腐殖质本身又是一种弱酸，腐殖酸和其他腐殖酸盐类可组成缓冲体系，缓冲土壤溶液中H^+浓度的变化，使土壤具有一定的缓冲能力，不致由于施肥等原因而造成土壤环境的剧烈变化。

四、土壤有机质在其他方面的作用

在一定浓度下，腐殖质能提高微生物和植物的生理活性。腐殖酸盐的稀溶液能改变植物体内的糖类代谢，促进还原糖的积累，提高细胞渗透压，从而增强作物的抗旱能力。腐殖质被证明含有一类生理活性物质，能加速种子发芽。

土壤有机质可减少农药的残留量和重金属的毒害。土壤有机质对农药等有机污染物有强烈的亲和力，对有机污染物在土壤中的生物活性、残留、迁移等过程有重要影响。研究表明，大多数情况下，土壤有机质控制着农药的吸附，农药的吸附与土壤有机质相关性比黏粒更紧密。对除草剂二氯苯的研究表明，当土壤有机质 <8% 时，土壤有机质和黏粒都参与二氯苯的吸附；当土壤有机质 > 8% 时，二氯苯主要吸附在有机表面上。可溶性腐殖质能增加农药从土壤向地下水的迁移。此外，土壤腐殖质含有多种功能团，对重金属离子有较强的络合和富集的能力。腐殖酸通过对金属离子的络合、螯合、吸附和还原作用，能降低重金属的毒害作用。

此外，全球土壤有机质碳的总量在 1200 ～ 1600Gt（1Gt=10^9t），为陆地植物碳库的 2 ～ 3 倍、全球大气碳库的 2 倍。农田生态系统通过土壤有机碳固定达到了 0.4 ～ 1.2 Gt/年的固碳潜力。因此，土壤有机质对于固碳减排也具有重要的意义。

第五节　耕地土壤有机质的调节

土壤中的有机质不断进行分解和形成。一方面由于微生物的作用，有机质逐渐被分解。另一方面由于植物残体的输入，如在自然植被下输入土壤的凋落物、残根以及根的分泌物和脱落物等，在农田条件下输入土壤的根茬和根的分泌物以及有机肥料等，土壤有机质又不断地得到补充。当土壤有机质分解量与形成量相等时，有机质含量将处于稳定的状况；当形成量大于分解量时，有机质含量将逐渐提高，反之逐渐降低。调节土壤有机质的积累和分解的关系是农业生产管理的一个重大课题。浙江省大部分耕地土壤具有较高的肥力，土壤有机质含量一般在2%左右，高者可达5%，低者也有1%，高产田土壤含量多在3%以上。但是，随着耕种年数的增加，土壤有机质含量会降低。保持适量的有机质是我国农业可持续发展的一个重要因素。因此，一般情况下，有机质的含量可作为土壤肥力高低的指标。而提高土壤有机质含量，则是培肥土壤的一项重要任务。

要增加土壤中的有机质，一方面要增加土壤有机质的来源。如合理安排耕作制度，合理的耕作制度可促进土壤有机质含量的提高，并维持较高的水平。实施绿肥轮作，如田菁、紫云英、紫花苜蓿等，绿肥的分解较快，形成腐殖质也较迅速。施用绿肥后新增加的腐殖质和原腐殖质的消耗量相比较，除抵消一部分外，腐殖质还可以增加。在某些情况下，绿肥还可能使土壤中原有有机质的矿化速率增加，即激发效应。也可以增施各种有机肥料，主要的有机肥源包括绿肥、粪肥、厩肥、堆肥、沤肥、饼肥、蚕沙、鱼肥等。另一方面则要了解影响有机质积累和分解的因素，以便调节有机质的积累和分解过程。土壤有机质的含量取决于年生成量和年矿化量的相对大小。年生成量与施用有机物质的腐殖化系数有关。通常腐殖化系数在$0.2 \sim 0.5$。土壤有机质的年矿化量受生物、气候条件、水热条件、耕作措施等各种因素的影响。我国耕地土壤有机质的年矿化率在$1\% \sim 4\%$，平均约2%。只有每年加入各种有机物质所生成的土壤有机质量等于矿化量时，才能保持土壤有机质平衡。每公顷耕地耕作层土壤质量约为2300000kg，如果耕层土壤含有机质为2%，则每公顷土壤耕层的有机质量为2300000kg×2%=46000kg；若矿化率为2%，则每年消耗的有机质量为46000kg×2%=920kg；假设施入土壤的有机物质的腐殖化系数是0.25，则加入920kg/0.25=3680kg干有机物质即可达到土壤有机质的平衡。

【本章主要知识点】

　　1.了解不同地带土壤有机质含量的差异及其影响因素。

　　2.掌握土壤有机质与土壤腐殖质概念，比较二者有何异同。

　　3.熟悉土壤有机质的基本组成，包括化学组成、化合物组成和形态特征。

　　4.掌握碳水化合物、含N化合物的转化过程及产物，重点掌握影响转化因素中的C/N的详细内容和基本原理。

　　5.理解"影响有机物质在土壤中转化的推动力是微生物"的含义。

　　6.了解腐殖质形成过程的两个阶段的内容及相互关系。

　　7.掌握土壤腐殖质的组分、所带功能团对各组分性质产生的影响。

　　8.掌握土壤有机质对土壤肥力的影响。

　　9.了解提高土壤有机质的原则和途径，以及一再强调增施有机肥以培肥土壤的科学道理。

【思考题】

　　1.土壤有机质对全球碳平衡有哪些影响？

　　2.为了延缓全球气候变暖，你认为应如何来管理和调节土壤有机质？

　　3.土壤有机质有哪些来源？它在土壤肥力和环境中的作用有哪些？

　　4.为什么林地或草地开垦后土壤有机质会普遍减少？

第四章

土壤物理性质

土壤是由固、液、气三相物质构成的、复杂的多相体系。水、空气、土居生物都在固相骨架内部的孔隙中移动、生活。所以，土壤固相骨架内的大小土粒组成和土粒排列方式，对土壤水、肥、气、热及土壤生物有重要影响和制约。

第一节　土壤孔性

土壤中土粒或团聚体之间以及团聚体内部的空隙，称为土壤孔隙，如图 4-1 所示。土壤孔隙的数量、大小，孔隙的分配及其在各土层的分布，就是土壤孔性（孔隙性质）。土壤孔性是一项重要的土壤物理性质，它影响土壤水、气、热的流通、贮存及其对植物的供应，同时对土壤养分也有多方面的影响。

图 4-1　土壤孔隙

一、土壤密度

土壤密度指单位体积固体土粒（不包括粒间孔隙）的质量，单位是 g/cm^3 或 t/m^3。土壤密度与水（4℃）的密度之比，也就是单位体积（不含孔隙）干燥土粒的质量与同体积标准状况水的质量之比，是土壤的比重。由于4℃时水的密度为 $1.0g/cm^3$，所以土壤比重与土壤密度数值相等，只是密度有单位，比重为无量纲。表4-1是土壤中几种主要矿物和腐殖质密度范围。土壤密度的大小取决于土壤矿物质颗粒的组成和腐殖质含量的多少，一般土壤矿物质的比重在 $2.6 \sim 2.7$，一般土壤有机质的比重为 $1.25 \sim 1.4$。腐殖质含量的多少对土壤密度影响较大，除了腐殖质含量较高的土壤或泥炭土之外，多数土壤的密度为 $2.6 \sim 2.7g/cm^3$，因此，计算中往往采用平均值 $2.65g/cm^3$ 作为土壤的常用密度值。

表4-1　土壤中常见组分的密度

组　分	密度 /(g/cm^3)	组　分	密度 /(g/cm^3)
石　英	2.60～2.68	赤铁矿	4.90～5.30
正长石	2.54～2.57	磁铁矿	5.03～5.18
斜长石	2.62～2.76	三水铝石	2.30～2.40
白云母	2.77～2.88	高岭石	2.61～2.68
黑云母	2.70～3.10	蒙脱石	2.53～2.74
角闪石	2.85～3.57	伊利石	2.60～2.90
辉　石	3.15～3.90	腐殖质	1.40～1.80
纤铁矿	3.60～4.10		

二、土壤容重

自然状况下，单位体积土壤体（包括孔隙和土粒体积）干土壤的质量，称为土壤容重，单位是 g/cm^3 或 t/m^3。因为土壤容重将孔隙包括在内，所以同体积土壤容重比土壤密度小。土壤容重大小除受土壤内部性状如土粒排列、质地、结构、松紧的影响外，还受外界因素如降水和人为生产活动（耕作、施肥、灌溉）等农业技术措施的影响。一般土壤容重值在 $1.0 \sim 1.5g/cm^3$，砂土的容重值在 $1.2 \sim 1.8g/cm^3$，某些底土的容重可达 $2.0g/cm^3$。一般砂土容重大于壤土和黏土。土壤容重容易测定，可以在田间取一定容积的原状土，在 $105 \sim 110℃$ 烘干称重就可以计算出土壤容重。土壤容重是一个十分重要的基本参数，在实际工作中用处较多。

（一）反映土壤松紧度

质地相似条件下，土壤容重小表明土壤疏松多孔，土壤通气性好，结构性良好，有利于植物生长发育和土壤养分转化，但是如果土壤过松会加快水分损失；土壤容重大，表明土壤孔隙少，土壤水分和空气的含量相应地减少，土壤易板结，土壤没有充足的水分和空气供作物正常生长，养分不能有效地利用。一般来说，旱地作物适宜的土壤容重为 $1.1 \sim 1.3 \text{g/cm}^3$，砂土可以偏高些。

（二）计算土壤质量及土壤中各组分含量

在生产和科研工作中，常常需要知道一定面积的耕层土壤的质量。在计算土壤质量的过程中就需要利用土壤的容重值。根据土壤质量，可计算出土壤水分、养分、有机质等含量，作为施肥和灌溉的依据。

例：某耕层土壤厚 0.2m，测得容重为 1.15g/cm^3，已知该土壤含氮量为 0.1%，计算 1 公顷土壤质量和土壤含氮量。

1 公顷土壤质量：$10000 \text{m}^2 \times 0.2 \text{m} \times 1.15 \text{g/cm}^3 = 2300 \text{t}$

相当于每亩土重 15 万 kg 或 150 t。

1 公顷土壤含氮量为：$2300000 \times 0.1\% = 2300 \text{kg}$

（三）计算孔度

具体见后文。

三、土壤孔性

（一）土壤三相比

土壤固、液、气三相的容积分别占土体容积的百分率，称为固相率、液相率（即容积含水量或容积含水率，可与质量含水量换算）和气相率。三者之比即是土壤三相组成，或称三相比。它们的计算如下：

$$固相率 = \frac{固相容积}{土体容积} \times 100\%$$

$$液相率 = \frac{水容积}{土体容积} \times 100\%$$

$$气相率 = \frac{气容积}{土体容积} \times 100\%$$

（二）土壤孔隙度（土壤孔度）

土壤中各种形状的粗细土粒集合和排列成固相骨架。骨架内部有宽狭和形状不同的孔隙，构成复杂的孔隙系统，水和空气共存并充满于土壤孔隙中。土壤孔隙的数量一般用孔隙度表示，即单位容积土壤中孔隙容积占整个土体容积的百分数。它表示土壤中各种大小孔隙的总和。如 $1cm^3$ 土壤，孔隙 $0.55cm^3$，该土壤孔度为 55%，其余 $0.45cm^3$（45%）为固体容积。土壤总孔度的大小，取决于土粒的排列情况。如以"理想土壤"（假定土粒是相同大小的刚性圆球）为例，最松的和最紧的两种排列方法，立方体排列的孔度为 47.46%，三斜六面体排列的孔度为 24.51%（图 4-2）。

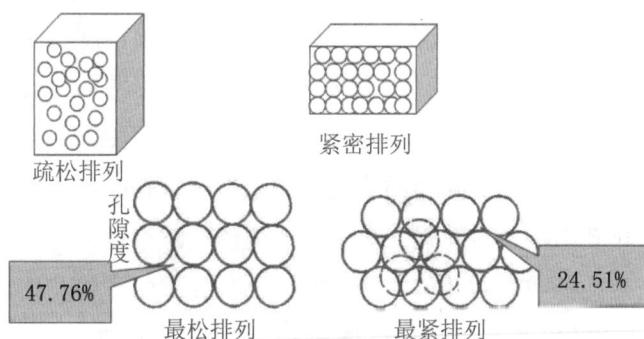

图 4-2　"理想土壤"

由于土壤孔隙复杂多样，要直接测定并度量它，目前还很困难。一般用土壤的密度和容重两个参数计算衡量。对于一定容积土体，土壤孔度由以下公式计算：

$$土壤孔度 = \left(1 - \frac{容重}{密度}\right) \times 100\%$$

以下是土壤孔度计算公式的推导过程。在计算孔度时，土壤密度通常采用平均值 $2.65g/cm^3$。

$$土壤孔度 = \frac{孔隙容积}{土壤容积} = \frac{土壤容积 - 土粒容积}{土壤容积} = 1 - \frac{土粒容积}{土壤容积}$$

$$= 1 - \frac{土粒容积}{土壤容积} \times \frac{土重}{土重} = 1 - \left(\frac{土重}{土壤容积} \times \frac{土粒容积}{土重}\right)$$

$$- 1 - \left(\frac{土重}{土壤容积} \bigg/ \frac{土重}{土粒容积}\right) = 1 - \frac{容重}{密度}$$

可见土壤孔度与容重呈反相关。孔隙度 = 1 - 固相率 = 液相率 + 气相率。一般来说，砂土的孔隙度在 30% ~ 45%，壤土的孔隙度在 40% ~ 50%，黏土的孔隙度在

45% ～ 60%，团粒结构好者的孔隙度在 55% ～ 65%。土壤孔隙的数量也可用土壤孔隙比来表示，即，

$$土壤孔隙比 = \frac{孔度}{1-孔度}$$

如土壤孔隙度 55%，则土粒占 45%，土壤孔隙比 =55%/45%=1.22。

（三）土壤孔隙类型

土壤孔隙度或孔隙比只能说明土壤孔隙"量"的问题，并不能说明孔隙"质"的差别。即使两种土壤的孔度和孔隙比相同，如果大小孔隙的数量分配不同，它们的保水、透水、通气以及其他性质也会有显著差异。目前，国内外根据土壤中孔隙的大小及其功能分为若干级，虽有一些共同之处，但缺乏共同标准。土壤孔隙的形状和连通情况极其复杂，孔径的大小变化多样，难以直接测定。目前普遍采用的是以"当量孔径"代替土壤真实孔径的方法。如果把土壤孔隙看成毛细管，这些毛细管的孔径就是土壤孔隙的当量孔径。土壤学所说的孔隙直径指与一定土壤水吸力相当的孔径，即当量孔径或有效孔径。孔径的大小与孔隙的形状及其均匀性无关。土壤水吸力与当量孔径的关系式为（根据茹林公式）：$d = 3/T$，d 为孔隙的当量孔径（mm）、T 为土壤水吸力（100Pa），最早由美国学者理查兹提出。由公式可以看出，当量孔径与土壤水吸力成反比，孔隙越小，土壤水吸力越大。每一当量孔径都与土壤水吸力相对应。例如，当土壤水吸力为 1kPa 时，当量孔径为 0.3mm，也就是说，此时的土壤水分是保持在孔径小于 0.3mm 孔隙中，而大于 0.3mm 的孔隙中则无水。土壤孔隙一般根据土壤孔径的粗细进行分类，可分为以下几种。

1.非活性孔隙

非活性孔隙又称无效孔、束缚水孔。这种是土壤中最细微的，当量孔径一般小于 0.002mm，土壤水吸力大于 1.5×10^5 Pa。这种孔隙几乎总被土粒表面的吸附水充满。土粒对这些水有极强的分子引力，水分不能移动或移动极其缓慢。这些水称为无效水，孔隙称为非活性孔隙。土壤质地越黏重，土粒分散度越高，土粒排列越紧密，则非活性孔隙越多。非活性孔隙较多的土壤虽然能保持大量的水分，但水分的有效性很低。

2.毛管孔隙

毛管孔隙指具有毛管作用的孔隙。其孔径比非活性孔隙粗。当量孔径为 0.02 ～ 0.002mm，土壤水吸力为 1.5×10^4 ～ 1.5×10^5 Pa，有强烈的毛管作用，能抵抗

重力，保持水分。植物根毛和一些细菌可在毛管孔隙中活动，保存的水分可被植物吸收利用。

3.通气孔隙（非毛管孔隙）

这种孔隙比较粗大，其当量孔径大于 0.02mm，相应的土壤水吸力小于 1.5×10^4 Pa，毛管作用明显减弱。孔隙中的水分主要受到重力支配而排出，成为空气流动的通道，所以称为非毛管孔隙或通气孔隙。通气孔隙发达的土壤可接纳大量的降水或灌溉水，不致造成地表径流或上层滞水。但是，土壤中的毛管孔与非毛孔并不存在明显的界线。因此，为了划分毛管孔隙与非毛管孔隙，需要定一个客观的分界，这就是田间持水量（具体见第五章）。

（四）土壤孔性与作物生长

按照土壤中各级孔隙占的容积计算如下：

$$非活性孔隙度（\%）=\frac{非活性孔容积}{土壤总容积} \times 100\%$$

$$毛管孔隙度（\%）=\frac{毛管孔容积}{十壤总容积} \times 100\%$$

$$通气孔隙度（\%）=\frac{通气孔隙容积}{土壤总容积} \times 100\%$$

土壤总孔隙度（%）=非活性孔隙度（%）+毛管孔度（%）+通气孔隙度（%）

土壤孔隙状况影响土壤的保水通气能力。毛管孔度是保水性指标；通气孔度是通气–透水性指标。不同植物对土壤松紧的适应性也不一样，过于紧实的黏重土壤，种子发芽与幼苗出土均较困难；土块过多孔隙过大的土壤，植物根系往往不能与土壤紧密接触，吸收肥水均感困难，有时作物根扎不稳，容易倒伏。许多实验证明，一般旱地土壤，总孔隙度应大于50%，通气孔度大于10%，通气孔度：毛管孔度=1:（1～2），无效孔隙尽量减少，毛管孔隙尽量增加。这样的孔径分布才有利于保证作物正常生长发育。因此，在评价其生产意义时，孔径分布比孔隙度更为重要。

第二节　土壤结构

土壤如果仅仅是岩石破碎成的砂粒、粉粒、黏粒，就不会有它独特的性质。除砂土外，土壤颗粒在自然条件下聚集在一起以土壤结构的形式表现出来。土壤结构一词实际上包含两方面的含义，一指各种不同的结构体的形态特征；二是泛指具有调节土壤物理性质的结构性。土壤结构体指土粒互相排列和团聚成一定形状、一定大小和稳定程度不同的土块、土团或土片。不同的排列方式往往形成不同的结构体。这些不同形态的结构体在土壤中的存在状况影响土壤的孔隙状况，进而影响土壤的肥力和耕性。土壤结构性指由土壤结构体的种类、数量及其相应的孔隙状况等产生的综合特性。土壤结构是土壤基本的物理性质，影响着土壤的水、肥、气、热状况，从而在很大程度上反映了土壤肥力水平。一般所说的土壤结构的好坏主要指土壤结构性的好坏。

一、土壤结构体的类型

土壤结构体主要是根据结构体的形状、大小以及与土壤的关系划分的，不同结构体具有不同的特性。常见的结构体有以下几种类型，如图4-3所示。

（一）块状和核状结构体

此类结构体属于立方体型。土粒互相胶结成不规则的土块。土块的直径在1cm以上，长、宽、高大致相似，边面一般不明显，称为块状结构。土块较小，边面与棱角明显是核状结构。农民俗称的"土坷垃"就是田间常见的块状结构体。这类结构体一般在质地黏重、缺乏有机质、耕性不良的表土、底土和心土层中常见。块状结构和核状结构的土体往往较紧实、孔隙少、通透性很差、微生物活动微弱，而土块与土块之间，孔隙过大，易漏风跑墒，影响根系深扎，耕作不便。

（二）棱柱状和柱状结构体

此类结构体纵轴大于横轴，属于直立型。棱角明显的是棱柱状结构，棱角不明显的是柱状结构，多出现在土壤质地黏重、缺乏有机质的心土层、底土层和柱状碱土的碱化层。如水分经常变化而质地较黏重的水稻土心土层（潴育层），在干湿交替下形成明显的柱状体。这种结构体大小不一，坚硬紧实，内部无效孔隙占优势，外表常有铁铝胶膜包被，根系难以伸入，通气不良，微生物活动微弱。结构体之间常有明显的裂痕，成为漏水漏肥的通道。

（三）片状结构

这类结构体横轴远大于纵轴，沿水平面排列，土粒排列成片，称为片状结构体。片状结构体是水的沉积作用或某些机械压力形成的，常出现在某些耕作历史较长的耕地土壤中。此外，粉质土壤在雨后或灌水后形成的地表结壳和板结层，也属于片状结构体。这类结构土粒排列紧密，通透性差，不利于通气、透水，影响种子发芽和幼苗出土，加大土壤水分蒸发。因此，生产上要进行雨后和灌水后中耕松土，破除地表结壳。

（四）团粒结构体

土粒胶结成粒状和小团块状，近似球形疏松多孔的小土团，称为团粒结构体。团粒结构体包括团粒（0.25～10mm）和微团粒（<0.25mm）。这种结构体多存在于有机质较高的表土中，排列疏松，具有良好的物理性能，根系穿插多，是肥沃土壤的结构形态。微团粒（<0.25mm）是形成团粒的基础团粒，具有水稳性（泡水后结构体不易分散），而且不易遭到机械力的破坏。团粒结构的数量和质量好坏在一定程度上反映了土壤肥力水平。

在上述几种结构体中，块状、核状、棱柱状、柱状和片状结构体基本上都是直接由土粒相互黏结而成的，总孔隙度小，主要是小的非活性孔隙和毛管孔隙，结构体之间是大的通气孔隙，往往成为漏水漏肥的通道，植物根系很难穿扎，干裂时常扯断根系，泡水易分散成为单独的土粒。这些结构对作物生长不利，属于不良结构体。团粒结构体不仅总孔隙度大，而且内部有多级大量的大小孔隙，团粒之间排列疏松，大孔隙较多，兼有蓄水和通气的双重作用，对作物生长有利，属良好的结构体。因此，一般所说的良好土壤结构体往往指团粒结构。

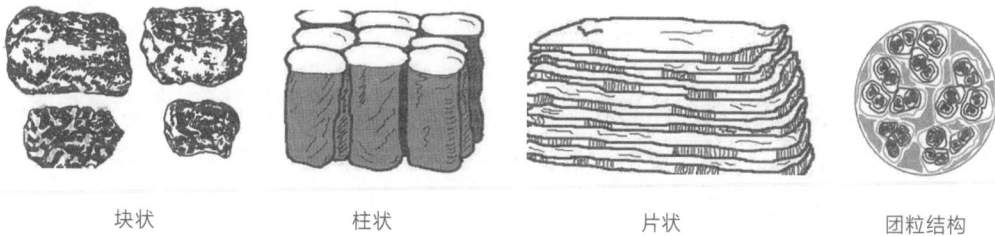

块状　　　　　　柱状　　　　　　片状　　　　　团粒结构

图 4-3　土壤中各种结构

二、土壤团粒结构形成机制

土壤团粒结构的形成机制非常复杂，至今未完全搞清楚。块状、柱状、片状等结构体的由单粒黏结成致密大土块，在各种应力作用下崩解成各种结构体，无多次团聚，孔度小，孔隙大小比较一致。而土壤团粒结构是经过多次（多级）复合、团聚而形成的，大体上可分为两个阶段。第一阶段是单粒经过凝聚、胶结等作用形成复粒（微团粒）；第二阶段是复粒进一步黏结，在成型动力作用下相互逐级黏合、胶结、团聚，依次形成二级、三级微团聚体，再经多次团聚，使若干团聚体胶结起来，形成大小不同的团粒（大团聚体）。每一级复合和团聚，就产生相应大小的一级孔隙，因而，团粒内部有从小到大的多级孔隙。因此，土壤团粒结构的形成是在多种作用参与下进行的，但归纳起来主要包括黏结团聚和切割造型两个过程。

（一）黏结团聚过程

土壤团粒是经过多级团聚而成的结构体。土壤单粒先形成微凝聚体，再形成各级微团粒（<0.25mm），之后微团粒进一步形成团粒（> 0.25mm），如图4-4所示。这种团聚过程包括各种化学作用和物理化学作用，如胶体凝聚作用、无机物质的胶结作用以及有机-矿质胶体的复合作用等，并有微生物的参与。

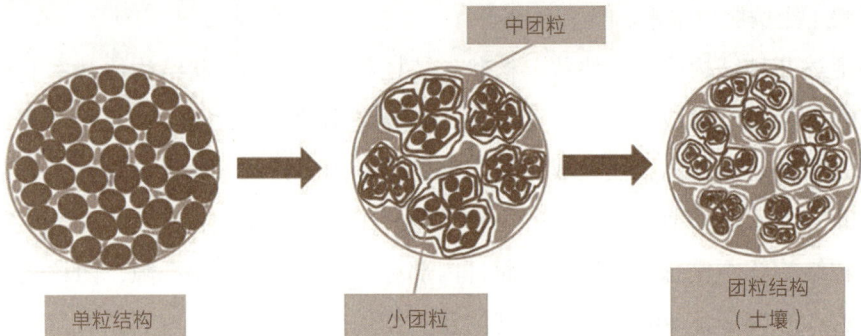

图 4-4　团粒结构的团聚过程

1.胶体凝聚作用

胶体凝聚作用指土壤胶体相互凝聚在一起的作用。胶体表面有电荷，带相同电荷的胶体可以互相排斥而呈分散状态，不同电荷的胶体则互相吸引而凝聚起来。土壤胶粒一般带负电荷，因而互相排斥。但是，如果在胶体溶液中加入多价阳离子，如钙离子、铁离子等，或降低溶液的pH，就可使胶体表面的电位势降低。当各个土粒之间的分子引力超过相互排斥的静电力时，它们就相互靠拢而凝聚。在酸性土壤中，带负电荷与带正电荷土壤胶力之间的静电引力是重要的凝聚机制。

2.无机物质的胶结作用

土壤中常见的无机物质如碳酸钙、硫酸钙、硅酸、氧化铁和氧化铝胶体及黏粒等，在湿润时起黏结作用，把土粒或微凝聚体黏结在一起，干燥脱水后就成土块。心土和底土中的大块状或棱柱状结构，多是由无机物质黏结起来的。这种结构的稳定性较差，在水中易分散。

3.有机物质胶结作用及有机-矿质胶体的复合作用

有机质是土壤中的重要胶结物质。各种有机物质几乎都有胶结作用，在结构形成上较重要的是新鲜进入土壤中的有机物质。它们在分解时产生的多糖胶、脂肪等都能起胶结作用，尤其多糖胶是重要的土壤胶结剂。因此，土壤在施用新鲜有机肥后结构体的数量有增加。但是随着时间的增长，这些有机物质被微生物分解，结构体又遭破坏。

土壤腐殖质不但是重要的有机胶结剂，还可通过多价阳离（Ca^{2+}、Fe^{3+}、Al^{3+}等）与矿物质土粒形成有机-矿物复合体。该复合体比较稳定。腐殖质较难分解，在土壤中保持较长时间，在此基础上形成的结构体具有较好的水稳性。

（二）切割造型

1.植物根系作用

植物根系把土体切割成小团，且根系在生长过程中对土团产生压力，把土团压紧，因此在根系发达的表土中容易产生较好的团粒结构。

2.干湿交替和冻融交替

在湿润土块干燥的过程中，胶体失水而收缩，使土体出现裂缝而破碎，产生各种结构体。土壤孔隙中的水结冰时体积增大，对土体产生压力使其崩碎，有助于团粒形成。

3.土壤耕作

合理的耕作可促进团粒结构形成。耕耙把大土块破碎成块状或粒状，中耕松土可把板结的土壤变得细碎疏松。当然，不合理的耕作，反而会破坏土壤结构。

三、土壤团粒结构在肥力上的作用

（一）团粒结构大、小孔隙兼备

团粒具有多级孔性，总的孔度大，即水、气总容量大，又在各级结构体之间形成了不同大小的孔隙通道，大、小孔隙兼备，蓄水与透水、通气同时进行，土壤孔隙状况较为理想。同团粒结构土壤比较，非团聚化土壤的孔隙单调而总孔度较低，调节水、气矛盾的能力低，耕作管理费力。团粒增大，这种孔度和非毛管孔度也同步增加，尤其是后者，因而调蓄能力随之增强。不过，在不同的生物气候带，对适宜的土壤团粒的大小要求稍有不同。在湿润地区以10mm左右的团粒为好，而干旱地区则以0.5～3mm的团粒为好。

（二）水分与空气并存的矛盾得到解决

在团粒结构土壤中，团粒与团粒之间有通气孔隙，可以透水，能把大量雨水迅速吸入土壤。而单粒或大土块结构的黏质土壤的非毛管孔很少，透水性差，降雨量稍多即沿地表流走，造成水土流失，而土壤内部仍不能吸足水分，在天晴后很快发生土壤干旱。团粒结构土壤又有大量毛管孔隙，可以保存水分。这种土壤中的毛管水运动较快，可以源源不断地满足植物根系吸收需要。同时，团粒结构的土壤，能使进入土壤中的水分蒸发大大减少。这是因为团粒间的毛管通道较少，干后表面团粒收缩，体积缩小，与下面的团粒切断联系，成为一层隔离层或者保护层，使下层水分不能借毛管作用上升至表面而消耗。由此可见，有团粒结构的土壤，其水分进入数量多，蒸发也少，能保持水分状况稳定，起到一个"小水库"的作用，耐旱抗涝的能力比其他土壤强得多。在团粒结构土壤中，水分和空气并存，各得其所。

（三）改善了土壤保肥供肥性能

有团粒结构的土壤，团粒之间的大孔隙充满空气，有充足的氧供给，好气微生物活动旺盛，有机质分解快，养分转化迅速，可供作物吸收利用。而团粒内部水多气少，厌氧微生物活动旺盛，有机质分解缓慢，有利于养分保存和腐殖质形成。有团粒结构的土壤养分由外层向内层逐渐释放，不断供作物吸收，避免了养分流失，起到了一个"小肥料库"的作用。

（四）宜于耕作与根系发育

团聚体的土壤，由于团粒之间接触面较小，黏结性较弱，土质疏松，因而耕作阻力小，宜耕期长。种子在团粒结构土壤中易于发芽出土，植物根系生长阻力较小，出苗整齐。且团粒内部孔隙小，有利于根系的固着和支撑。

总之，有团粒结构的土壤，松紧适宜、通气、透水、保水、保肥、保温、扎根条件良好，土壤的水、肥、气、热比较协调，能满足农作物生长发育的要求，从而有利于获得高产稳产。故又常将水稳性的团粒结构称为土壤肥力的调节器。

第三节　土壤机械物理性和宜耕性

土壤耕作中的诸多问题，如耕作难易、耕作质量等都与土壤力学性质（又称机械物理性质）密切相关。土壤力学性质指土壤受外力作用时发生形变，显示的一系列动力学性质，包括土壤结持性（黏结性、黏着性、可塑性）、胀缩性、压板、阻力（穿透阻力和牵引阻力）等。

一、土壤结持性

土壤结持性指在不同含水量下土壤黏结性、黏着性和可塑性的综合表现。

（一）土壤黏结性

土壤黏结性指土粒之间通过各种引力而互相黏结在一起的性质。土粒与土粒之间有内聚力（范德华力和水膜引力），以抵抗外力的破坏。也就是说土壤黏结力是土壤对于碎裂、挤压、分散等外力的阻力。干燥时，土壤黏结力主要由土粒本身的分子引力引起；湿润时，土粒间分子引力则通过土粒间水膜起作用，使土粒、水、土粒的相互吸引。对于大多数矿物土壤来说，起黏结作用的力主要是范德华力，通过范德华力在土粒外面形成水膜。黏结性与土粒间接触面的大小、土壤含水量的多少等因素有关。黏性土壤土粒的比表面大，土粒间分子引力大，黏结性极强。一个完全干燥和分散的土粒，在常压下不表现出黏结力。当加入水后，水膜分布均匀，在所有土粒接触面点上都出现接触点水的弯月面时，黏结力达最大值。此后，随着含水量的增加，水膜不断加厚，土粒之间的距离不断增大，黏结力便愈来愈弱，至水膜到一定程度时黏结力消失。土壤腐殖质含量多，有利于团粒结构的形成，土粒间接触面减小，黏结性减弱。砂性土壤土粒比表面很小，一般不表现黏结性，但有少量水时，借水膜增加了接触面积，表现出微弱的暂时的黏结性。黏重的土壤，当土壤干燥时，土粒间的水膜变薄，土粒相互靠近，黏结力增强。实际上自然界的土壤完全无水的情况是不存在的，土粒外面总是吸附着一层水分子，通过它们的水膜和水化离子起作用，所以黏结力实际上是土粒、水膜、土粒之间的分子引力的表现，随着水分子膜的增厚，土粒间的距离加大，黏结力迅速下降，当水分达到饱和后，黏结力迅速消失。黏结性使土壤具有抵抗外力破碎的能力，没有黏性的土壤不能形成稳定的结构，但黏性过强对耕作及作物根系伸展都不利。

（二）土壤黏着性

土壤黏着性指土壤在湿润状态下，土粒黏着于外物（农机具）上的性能。土壤黏着性增加耕作时的牵引阻力，因此黏着性强的土壤整体质量差。土粒与外物的吸引力是土粒表面的水膜和外物接触而产生的，其实质是土粒、水膜、外物的相互吸引的性能。黏着性的机理与黏结性一样，凡影响比表面积大小的因素也同样影响黏着性的大小，如黏粒含量、团粒结构、腐殖质含量等。当土壤质地等条件相近时，水分含量是表现黏着性强弱的主要因素。干燥的土壤无黏着力。随着水分含量增加，土粒与外物间的水膜生成（黏着点），黏着力增强；继而水膜过厚，黏着力下降，到土壤变成可流动的泥浆时（脱黏点），黏着力消失。

（三）土壤可塑性

土壤可塑性指土壤在一定含水量范围内，在外力作用下变形，外力停止或土壤变干后仍能保持改变了的形状的特性。我国传统的泥塑艺术就利用了黏土的这一特性。黏质土壤的可塑性主要是由片状黏粒及其水膜产生的。土壤中大多数次生黏粒矿物呈片状，在一定含水量时，在黏粒外面形成一层水膜，土壤外加作用后，黏粒沿外力方向滑动，改变了原来杂乱无章的排列，形成相互平行的有序排列，并由水膜的拉力固定在新的位置上，而保持其形变。干燥后由于黏粒本身的黏结力，土壤仍能保持其新形状不变。一般认为，过干的土壤不能任意塑形，泥浆状态土壤虽能变形，但不能保持变形后的状态。土壤只有在一定含水量范围才具有塑性。土壤开始表现可塑性的最低含水量称为可塑下限（或下塑限）。土壤失去可塑性，即开始表现流体时的含水量称为可塑上限（或上塑限）。上、下塑限之间的含水量称为可塑性范围，差值称为塑性值。塑性值愈大，表示土壤塑性愈强。上塑限、下塑限和塑性值均以含水量（%）表示，它们的数值随着黏粒含量的增加而增大。土壤有机质能提高土壤上、下塑限，但几乎不改其塑性值。有机质本身的塑性弱而吸水性强，故有机质含量高的土壤，要等有机质吸足水分以后才开始形成产生塑性的水膜，从而使其上、下塑限提高。下塑限提高意味着土壤适宜耕作的含水量范围增加了，因而宜耕期长。在可塑范围内进行耕作，会形成光滑的大土垡，干后结成硬块而不易散碎，因此在塑性范围内不宜耕作。

二、土壤的宜耕性与宜耕期

土壤的宜耕范围指适于耕作的土壤含水量范围。宜耕期指土壤保持适宜于耕作含水量的时间。土壤宜耕性指耕作中土壤表面的各种性质，以及耕作后土壤的表现，包括耕作难易，耕作质量好坏，宜耕期长短。土壤宜耕性取决于土壤的黏结性、黏着性和可塑性等力学性质，而这些性质又与土壤质地、土壤含水量密切相关。土壤宜耕性要求耕作阻力小，耕作质量高，翻耕的土壤要松碎，便于根的穿扎，有利于通气，养分转化，适耕期尽可能长。综合有关性质，可把土壤结持性分为几个阶段：坚硬态—松脆态（酥软态）—可塑态—泥浆态，反映在不同含水量条件下的土壤是否宜于耕作。旱地以酥软态耕作最好。

第四节　土壤物理性质的调节

在农业生产过程中，土壤结构是不断变化的，新结构的生成和老结构的破坏，始终在交替进行着。无论团粒结构有多稳定，在自然因素和人为农业措施的作用下，都不可避免地要遭到破坏，难以长久维持不变。合理的施肥、耕作、灌溉及其管理措施，有助于团粒结构的恢复和形成。归纳起来破坏团粒结构的因素主要有：①水的作用，如雨滴的冲击、淹灌的泡散、黏粒水合以及闭蓄空气的爆破作用，都可促使团粒分散。②大型农机具重压及人畜踏踩，使团粒遭到破坏。③土壤胶体的代换性离子为一价的 Na^+、NH_4^+ 时，可使土粒分散。④微生物的活动具有两重性，一是它可以把有机质转化为腐殖质形成良好团粒结构，二是可不断分解腐殖质，分解有机–无机复合体中的有机物质，使团粒遭到破坏。

应掌握团粒结构形成的规律，采取有效措施，创造条件，促使土壤结构向有助于团聚的方向发展，以形成良好的团粒结构体。在长期的农业生产实践中，一般认为培育良好的团粒结构应采取以下措施。

1.合理耕作，增施有机肥

耕作结合施肥、中耕等措施，可使表层土壤松散。虽然形成的小团粒是非水稳性的，但也会起到调节孔性的作用。耕作结合分层增施有机肥料，做到土肥相融，不断增加土壤中的有机胶结物质，对促使水稳性团粒的形成有重要意义。

2.合理轮作

合理的轮作倒茬对恢复和培育团粒结构有良好的作用。一般来讲，一年生或多年生的禾本科或豆科作物，生长健壮，根系发达，都能促进土壤团粒形成。多年生牧草每年提供给土壤的蛋白质、碳水化合物及其他胶结物质比一年生作物多、作用大。一年生作物因耕作频繁，土壤有机质消耗快，不利于团粒的保持。

3.合理灌溉、晒垡、冻垡

灌水方式对结构影响很大。大水漫灌冲击力大，容易破坏结构并使土壤板结；沟灌、喷灌或地下灌溉效果较好。灌后要适时中耕松土，防止板结，有助于恢复结构。晒垡、冻垡充分利用干湿交替与冻融交替，既可促使土块散碎，又有利于胶体的凝聚和脱水。在此基础上进行精细整地，能使土壤结构性得到改善。

4.施用石灰及石膏

酸性土中有过多的 Fe^{3+}、Al^{3+}、H^+，能使土壤胶结成大块。土壤过碱 Na^+ 过多，会使土壤胶体分散，不利于团粒结构形成。在酸性土壤上施用石灰，碱性土壤上施用石膏，不仅能降低土壤的酸碱度，还有改良土壤结构的效果。

5. 土壤结构改良剂的应用

施用后可以促进土壤结构形成的物质，称为土壤结构改良剂。土壤改良剂有两种：一种是天然的土壤结构改良剂。它是从植物残体与泥炭等物质中提炼出来的，如近年来推广的腐殖酸肥料。另一种是人工合成的土壤结构改良剂，如水解聚丙烯腈（HPAN）、乙酸乙烯酯和顺丁烯二酸共聚物（VAMA）等。这些人工合成改良剂价格昂贵，操作麻烦，目前仍处于试验研究阶段，还难以推广应用。

【本章主要知识点】

1. 重点掌握土壤容重、密度等的概念、土壤孔度的计算。

2. 了解土壤结构体的类型及形成机制。

3. 掌握黏结性、黏着性和塑性的概念和影响因素。

4. 掌握土壤团粒结构在肥力上的作用。

【思考题】

1. 土壤密度、容重和孔隙度之间有何关系？土壤容重数据有何用途？

2. 测得一土壤田间含水量为 30%，容重为 $1.2g/cm^3$，这一土壤的三相比是多少？

3. 为什么说团粒结构是理想的土壤结构体类型？

4. 土壤各结构体出现在土壤的哪些部位？

第五章

土壤水、气、热状况

土壤是由固、液、气三相物质组成的。固相部分包括矿物质和有机质，前已述及。液相是稀薄溶液，有少量盐、气体溶于其中，还有各种悬浮物质，本章则把液相当成纯水来讨论。土壤水、气和热是土壤三大肥力因素，三者常处于互相联系、互相影响又互相制约的发展变化之中。其中，水是植物、微生物所必需的，土壤中许多物理、化学、生物反应都要求有水参加。水、气同存于土壤孔隙中，水是矛盾的主要方面，水也影响热状况，是最活跃的肥力因素。生产上的措施有以水调气、以水调温、以水调肥等。

第一节 土壤含水量

土壤含水量是表征土壤水分状况的一个指标，又称土壤含水率、土壤湿度等，是土壤重要性状之一。在测定许多理化性质如有机质、养分含量，以及农田排灌方面都要用到土壤含水量。土壤许多测定数据，都是以烘干土为基础的（即在105～110℃下烘干重），必须先测定含水量，将湿土换算成烘干土。我国许多地区的农民把土壤含水情况简称为墒情。墒情与土壤耕作、播种、作物生长关系很大，所以农民常在耕种前或作物生长期间进行验墒，即根据土壤湿润程度、土色深浅和揉捏成形等来判断土壤的含水量及其有效性，以便采取相应的农业技术措施。土壤含水量的表示方法很多，必须把它们区分清楚。常用含水量表示方法有质量含水量、容积含水量、相对含水量和贮水量容积等几种。

一、质量含水量(w%)

质量含水量（w%）指土壤中水分的质量占干土质量的百分数。这是一种最常用的表示方法，可直接测定。数学表达式为：

$$质量含水量（w\%）=\frac{土壤水质量}{干土质量}×100\%$$

用数学公式表示为：$w\%=\frac{w_1-w_2}{w_2}×100\%$

式中：w%：土壤质量含水量（%）；w_1：湿土质量；w_2：干土质量；干土指105℃条件下烘干的土壤；w_1-w_2：土壤水质量。

二、容积含水量(v%)

容积含水量（v%）指单位土壤总容积中水分所占的容积分数。容积含水量可由质量百分数换算得到，如按常温下土壤水的密度为 $1g/cm^3$ 计算：

$$土壤水容积=干土质量×土壤质量含水量（\%）；$$

$$土壤总容积=\frac{干土质量}{土壤容重}；$$

因此，

$$容积含水量（v\%）=\frac{土壤水容积}{土壤总容积}×100\%=\frac{干土质量×土壤质量含水量（\%）}{干土质量/土壤容积}×100\%$$

$$=土壤质量含水量（\%）×土壤容积$$

例：测得某耕层土壤质量含水量为20%，同一土层平均容重为 $1.2g/cm^3$，问耕层土壤的固、液、气三相比是多少？

$$容积含水量（\%）=20\%×1.2=24\%$$

$$总孔度=（1-容重/比重）×100\%=（1-1.2/2.65）×100\%=55\%$$

可知该土壤三相容积比为：液相24%，气相31%，固相45%，孔隙比=55%/45%=1.2

三、贮水量容积

土壤贮水量容积以水的容积表示，指一定面积一定深度土层（土壤容积）内水的容积。一般以 $m^3/667m^2$、m^3/ha 表示，通常指1m土深。它在农田灌溉中常用作计算灌水量。可按下式计算：

$$贮水量容积（方）=土壤容积（m^3）×容积含水量（\%）=土地面积（m^2）$$
$$×土层深度（m）×容积含水量（\%）$$

例：测得某耕层土壤深 20cm，容积含水量为 24%，其田间持水量为 36%（容积含水量），问灌至田间持水量时每亩需水多少方？（注：1 方 =1m³）

667×0.2×（36%–24%）= 16.008 方

在灌溉时，一般要使耕层含水量达到田间持水量。

四、贮水量深度

贮水量深度以水层厚度表示（mm或cm），指一定厚度一定面积土壤中所含水量相当于相同面积水层的厚度。贮水量深度的使用，便于土壤的实际含水量与降雨量的相互比较。

贮水量深度（Dv）=容积含水量（$v\%$）× 土层厚度

例：容重为 1.2g/cm³ 的土壤，初始质量含水量为 10%，田间持水量为 30%，降雨10mm，若全部入渗，可使多深土层达田间持水量？

先将土壤含水量 $w\%$ 换算成 $v\%$：

初始含水量：$v\%=10\%×1.2=12\%$

田间持水量：$v\%=30\%×1.2=36\%$

$Dv=v\%×$土层厚度

土层厚度 $=Dv/v\%=10/（0.36–0.12）=41.7mm$

五、相对含水量

土壤相对含水量是把绝对含水量与某一标准（田间持水量或饱和持水量）比较而言的。它可以说明土壤水分对作物的有效性和水、气的比例状况等，是农业生产上常用的土壤含水量的表示方法。通常，对要计算作物生长适宜的土壤含水量、适宜耕作的土壤含水量等，可以用田间持水量为标准。对于质地中等的土壤来说，一般大田作物适宜的含水量在相对含水量的 60% ～ 80%。在研究土壤微生物时，要了解土壤中水分与空气的比例，一般用饱和持水量作标准。

$$相对含水量（\%）=\frac{绝对含水量\%}{田间持水量\%}×100\%$$

或

$$相对含水量（\%）=\frac{绝对含水量\%}{饱和持水量\%}×100\%$$

第二节　土壤水分类型、水分常数和土壤水分的有效性

一、土壤水分类型和水分常数

自然界的水通过降雨或灌溉等途径进入土壤中，被土粒吸附或由于毛管张力存在于土壤孔隙中，即为土壤水。由于受到土壤中各种力的作用，土壤水与自由水不同，具有不同的能态。保持土壤水的力主要包括两种，一种是土粒和水界面上的吸附力，主要是土粒表面分子与分子之间的分子引力，又称范德华力。另一种是在土壤孔隙中，水和空气界面上的毛管力。根据土壤水分所受的作用力不同，把土壤水划分成以下几种类型：吸湿水（紧束缚水）、膜状水（松束缚水）、毛管水和重力水。

（一）吸湿水（紧束缚水）

自然风干的土壤实际上还含有水分。如果把它置于105℃的烘箱中烘烤，每隔一段时间取出称重一次，就会发现土壤样品的重量逐次降低，称至恒重时的土壤称为烘干土。将烘干土暴露于潮湿的空气中，土粒把空气里的水汽分子吸附在它的表面，这就是土壤的吸湿性，这样吸附于土粒表面的水分称吸湿水，如图5-1所示。吸附力主要是氢键、范德华力、静电引力，可达几千至上万个标准大气压，密度>1g/cm³。吸湿水被吸附得很紧，在土粒固体表面不能自由移动，不能被植物吸收。只能在相对湿度较低、温度较高时转变为水汽分子以扩散的形式进行移动。吸湿水是土粒表面分子吸附水汽分子的结果。所以土壤吸湿水事实上是土壤风干时所持水量。其大小主要取决于土壤的比表面积和大气的相对湿度。空气的相对湿度愈高，土壤吸湿水量愈多。当相对湿度达100%时，土壤吸湿量达最大值，这时的含水量称吸湿系数或最大吸湿量。最大吸湿量的数值与黏粒含量几乎呈直线正相关。有机质含量高的土壤吸湿水也多。对于每一种土壤来说，最大吸湿量为常数。吸湿水对作物来说虽属无效水，但在土壤分析工作中，必须以烘干土作为计算基数，所以常需要测定风干土的吸湿水含量。

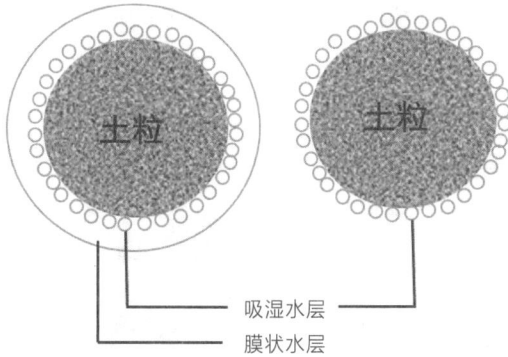

吸湿水层
膜状水层

图 5-1　土壤吸湿水和膜状水

（二）膜状水（松束缚水）

土壤所吸附的水汽分子达到最大吸湿系数后，土粒仍具有剩余的分子引力，可继续吸附液态水分子，形成一层比较薄的水膜，称为膜状水。膜状水在吸湿水的外层，所受吸力较小。膜状水被土壤以 6.25 ～ 31 个标准大气压的能量保持着，这样的能量要比地心引力大几千倍。所以膜状水不会在重力作用下向下流动，而只是沿土粒作膜状运动，由水膜厚的地方向水膜薄的地方进行运动。但因黏滞度较大，其移动速率非常慢。由于植物根系吸水力为 10 ～ 15 个标准大气压，常以 15 个标准大气压划分有效水和无效水的界限。膜状水的内层所受吸力大于根的吸水力，植物根无法吸收利用，为无效水；而它的外层所受吸力小于根的吸水力，则是植物可以利用的，但数量极为有限。两者以凋萎系数为分界。当土壤对水分的吸持力大约在 15 个标准大气压时，植物得不到有效水的供应而发生永久凋萎现象，此时的土壤含水量叫作凋萎含水量或凋萎系数。这是一个很重要的水分常数。凋萎系数一般是吸湿系数的 1.5 ～ 2 倍，可以作为土壤有效水的最低限。凋萎系数也主要取决于土壤的比面、质地和有机质含量。膜状水达最大量时的土壤含水量称为最大分子持水量，它包括吸湿水和膜状水。

（三）毛管水

当土壤含水量达到最大分子持水量时，继续增加水分，就不受土粒分子引力的作用，而形成移动性较大的自由水。这些自由水借毛管力被保持在土壤毛管中成为毛管水。这种毛管引力产生于水的表面张力以及管壁对水分的引力。土壤中粗细不同的毛管孔隙连通在一起形成复杂的毛管体系。毛管水以 1/3 ～ 6.25 个标准大气压的能量保持着，低于植物根细胞的渗透压，是土壤中数量最大、移动较快而对作物有效的液态水分，可不断地满足作物对水分和养分的需要，是土壤中最宝贵的水分。毛管水受毛管引力的作用不但能够被土壤保持，而且能在土壤中能向上下、左右移动，速度快。毛管水的运动是从毛管力小的方向朝毛管力大的方向移动。根据毛管水是否和地下水面相连，可分为上升毛管水和悬着毛管水，如图 5-2 所示。

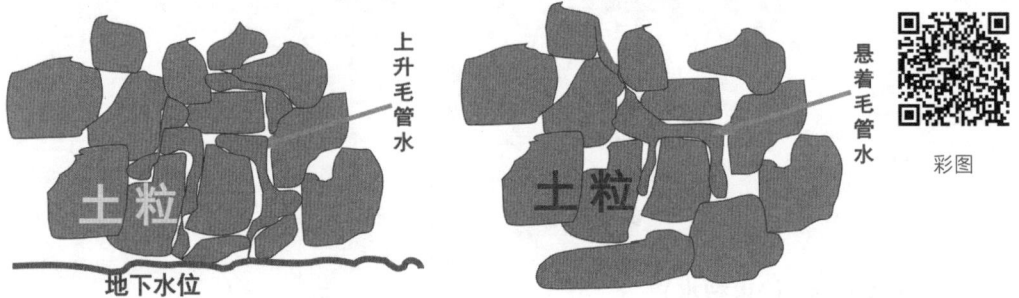

图 5-2　上升毛管水和悬着毛管水

上升毛管水指在地下水位较浅时，受毛管引力的作用上升而充满毛管孔隙中的地下水，也就是与地下水相联结的毛管水，这是地下水补给土壤中水分的一种主要方式。土壤中上升毛管水的最大量称为毛管持水量，它包括吸湿水、膜状水和上升毛管水的全部。毛管水上升的高度与毛管的大小，即毛管的半径有紧密联系。根据茹林公式：

$$H=\frac{0.15}{r}$$

式中：H：毛管水上升高度（cm）；r：毛管半径（cm）。

水在毛管内上升的速度与半径成正相关，与路径反相关。因为随着半径的变小或上升路程的增加，摩擦阻力急剧增大，使水分上升速度显著减小。因此砂性土的孔隙半径大，上升高度低，但速度较快；壤质土和黏质土的孔径小，上升高度高，但速度较慢。过分黏重的土壤，由于孔径太小且为膜状水充满，所以上升速度极慢，高度也低。实际情况往往是，壤质和中壤质土毛管水上升高度最高。另外，土壤温度、结构等因素对毛管水上升也有不同程度的影响。毛管水上升高度对农业生产有重要意义。当表土水分被蒸发或蒸腾之后，地下水可沿毛管上升，使地表水不断得到补充。但在地下水含盐量较高的地方，毛管水上升后，到达表土往往会造成土壤的盐渍化，在生产上必须高度重视。

悬着毛管水指在地下水位较深时，降雨或灌溉后借毛管力保持在土壤上层未能下渗的水分，也就是与地下水不相通的毛管水，由毛管粗处向毛管细处运动。当悬着毛管水达到最大量时的土壤含水量称为田间持水量或最大田间持水量，包括土壤中的吸湿水、膜状水和悬着毛管水。对于每一种土壤来说，田间持水量可以看作一个常数，这是一个极为重要的水分常数，在制定灌水定额时，往往以它为标准。田间持水量是旱地灌溉水量的上限指标。它反映的是土壤的保水能力，其土壤水吸力大约为 1/3 个标准大气压。在地下水位较浅的低洼地区，田间持水量则接近毛管持水量。因此，在自然条件下，当灌水或淹水后，允许充分下渗，同时防止蒸发，土壤所能保持的水量就是田间持水量。田间持水量的大小，主要决定于土壤孔隙的大小和数量的多少，与土壤质地、有机质含量等相关。一般情况下，田间持水量的大小为黏土＞壤土＞砂土。1/3 ～ 15 个标准大气压保持的土壤水分均称有效水。土壤中的有效水对作物而言均能被吸收利用。但是由于它的形态、所受的吸力和移动的难易有所不同，其有效程度也有差异。土壤水吸力越大，越难利用。中间有一转折点，即毛管水破裂含水量，大约在 0.8 个标准大气压，相当于田间持水量的 70% 左右。含水量大于 70% 时，水分做连续整体运动，因受土壤吸力小，可沿毛管自由移动，能不断满足植物对水分的需求，为易效水。低于田间持水量的 70% 时，悬着毛管水的连续状态发生破裂，缺乏整体运动，而不能满足植物生长发育的需要，为难效水。毛管水破裂含水量也常被选作灌溉点。

（四）重力水

当土壤水分超过田间持水量时，多余的水分不能被毛管吸持，而会受重力的作用沿土壤中的大孔隙向下渗漏。把不受土壤吸附力和毛管力所吸持，而受重力支配的那部分水叫重力水。重力水由于不受土粒分子引力的影响，可以直接供植物根系吸收，对作物是有效水。但重力水的渗漏很快，不能持续被作物利用，且随着重力水的渗漏，土壤中可溶性养分随之流失，所以重力水在旱作地区是多余的水。在水田中，重力水是有效水，应设法保持，防止漏水过快。当土壤大小孔隙全部被水充满时的含水量称饱和含水量或称全蓄水量。它是水稻田计算是否淹灌的依据。

二、土壤水分的有效性

水分的有效性指土壤水能否被植物吸收利用及其难易程度。在土壤所保持的水分中，不能被植物吸收利用的水称为无效水；能被植物吸收利用的水称为有效水。土壤水分从完全干燥到饱和持水量，按其含水量的多少及水分与土壤能量的关系，可分为若干阶段。每一阶段受土壤各种力的作用达到的某种程度的含水量，对于同一种土壤来说基本不变或变化极小，此时的含水量称为水分常数。如前面介绍的吸湿系数、凋萎系数、田间持水量和饱和持水量等都是水分常数。土壤水分常数反映土壤水的质和量的转折点，在田间土壤水分管理中应用较普遍。尤其是田间持水量和凋萎系数，分别是植物有效土壤水分的上限和下限。在灌溉和排水时，通常以田间持水量作为标准。水分常数随土壤性质而定，对于不同质地的土壤来说，这些水分常数的数值是不同的，田间持水量还受土壤结构和孔隙的影响。

土壤有效水范围指土壤上生长的作物可以利用水的范围。在土壤凋萎含水量与田间持水量之间的水分，对旱作植物都是有效的。凋萎系数是作物可利用水的下限，田间持水量是作物可利用水的上限。因此，对旱作：

土壤有效水范围（%）= 田间持水量（%）～凋萎含水量（%）

某一含水量下：土壤有效水含量（%）= 土壤含水量（%）～凋萎含水量（%）

土壤中的有效水均能被作物吸收利用。但由于它的形态、所受的吸力和移动的难易有所不同，其有效程度也有差异。从凋萎系数到毛管破裂之间的含水量，其所受的吸力小于植物的吸水力，但这个区间的含水量移动缓慢，植物只能吸收这部分水分以维持其蒸腾消耗，而不能满足植物生长发育的需要，故被称为难效水。自毛管破裂的含水量到田间持水量之间的水分，受土壤吸水力小，可沿毛管自由运动，能不断满足植物对水分的需要，被称为易效水。可见，田间持水量、凋萎含水量和毛管破裂含水量是土壤有效水分级的三个基本常数。

土壤水分形态能量及有效性之间的关系如图 5-3 所示。

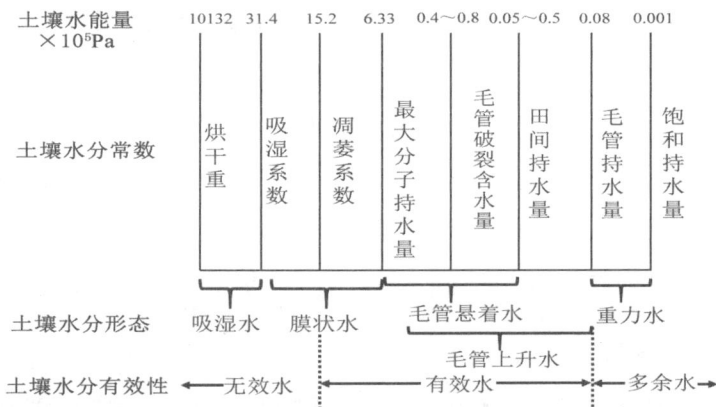

图 5-3　土壤水分形态、能量及有效性

土壤有效水的含量与土壤质地、结构、有机质含量等因素有关。土壤质地的影响主要是通过比表面积大小和孔隙性质产生的。砂土有效水分最小，壤土有效水范围最大。黏土的田间持水量虽然大于壤土，但其凋萎系数也高，所以有效水反而小于壤土。具有团粒结构的土壤，田间持水量增大，有效含水量的范围扩大。因此增加土壤有机质可促进团粒结构的形成，有利于改善土壤有效水的供应状况。大多数旱地作物对水分要求的适宜水平多在田间持水量的 60% ~ 80%，但不同作物吸水力各异，且同一作物不同生育期对水分要求亦不同。土壤质地与土壤有效水量的关系如表 5-1 所示。

表 5-1　土壤质地与土壤有效水量的关系

项目	土壤质地					
	砂土	砂壤土	轻壤土	中壤土	重壤土	轻黏土
田间持水量 /%	12	18	22	24	26	30
凋萎系数 /%	3	5	6	9	11	15
有效水范围 /%	9	13	16	15	15	15

第三节　土水势

前面介绍的是土壤水分的传统形态学分类。它的基本思想是土壤中水分受到不同的作用力而形成各种不同的水分类型。但实际情况并非如此，各种类型的水分往往是受到几种力的共同作用，但作用的强度不同，且相互之间没有明确的界限，因此从形态观点很难对水分运动进行精确的定量。对于形态观点的这些弱点，1907 年白金汉提出应用土壤水的能量状态来研究土壤水的问题。这种观点近年来得到了迅速发展。

土壤水分从土壤中的保持和运动到被植物根系吸收、转移利用和最终散发到大气中等过程，都与能量有关。像自然界其他物体一样，土壤水分也具有不同数量和形式的能量。在经典物理学中，把能量分为两种基本形式，即动能和势能。土壤水的运动速率很慢，它的动能一般忽略不计。位置或内部状况所产生的势能，在决定土壤水分的状况和运动方面则是非常重要的。土壤水能态，主要指土壤水在受各种力的作用后其自由能的变化。用来表示土壤水能态的主要方法有土水势和土壤水吸力。用土水势研究土壤水有很多优点。土水势作为判断各种土壤水分能态的统一标准和尺度，其数值可以在土壤、植物、大气之间统一使用，即把土水势、根水势、叶水势等统一比较，判断它们之间水流的方向、速度和土壤水有效性。在土水势的研究和计算中，一般要选取一定的参考标准。

一、土水势的概念

物质在承受各种力后，其自由能将发生变化。土壤水在各种力如吸附力、毛管力、重力等的作用下，与同样温度、高度和大气压等条件下的纯自由水相比，其自由能必然不同。土壤水的自由能与纯自由水的势能（自由能）的差值称为土水势，一般用希腊字母 Ψ 来表示。假定纯自由水的势能（自由能）为零，土壤水的自由能与其比较的差值一般为负值。差值绝对值大，表明土壤水不活跃，其能量低；差值绝对值小，表明土壤水与自由水接近，土壤水活跃且能量高。任何物质总是从势能高处向势能低处移动，同样，土壤水也是由土水势高处流向土水势低处。例如，含水量 15% 的黏土的土水势一般低于含水量只有 10% 的砂土。如果这两种土壤互相接触，水流将由砂土流向黏土。根据引起土水势变化的原因和动力不同，可以把土水势分成若干分势，即基质势（Ψ_m）、溶质势（Ψ_s）、重力势（Ψ_g）、压力势（Ψ_p）等。

（一）基质势（Ψ_m）

在土壤不饱和的情况下，土壤水受吸附力和毛管力的制约，低于纯自由水参比标准的水势。这种由土粒吸附力和毛管力所产生土水势称为基质势。假定纯水的势能为零，则基质势为负值。可见基质势与土壤的含水量紧密相关，当土壤水完全饱和时，基质势达到最大值，与参与标准相等，等于零。由此可知，只有在水分不饱和的土壤中才存在基质势。

（二）溶质势（Ψ_s）

土壤水中含有离子态或非离子态的溶质，它们对水分有吸持作用，因而降低了自由能。这种溶质对土壤水的吸附所引起土水势的变化称为溶质势，又称渗透势，一般为负值。土壤水中溶解的溶质越多，溶质势就越低，其绝对值也就越大。虽然在饱和及不饱和状态下都有溶质势的存在，但其中的溶质很易随水运动而均匀分布，所以溶质势一般不起什么作用。溶质势只有在土壤水运动或传输过程中存在半透膜时才起作用，在一般土壤中不存在半透膜。但对植物来说，吸收水分和养分必须通过根细胞的半透膜，溶质势对植物吸水就显得很重要。如盐碱土，由于土壤水中盐分浓度高，溶质势低，植物吸水困难。

（三）重力势（Ψ_g）

重力作用引起的土水势变化称为重力势。所有土壤水都受到重力作用。与参比平面相比（一般根据研究需要而定，通常以地下水面作为参照面），将参照面的重力势定为零，高于参照面的土壤水，重力势为正值；低于参照面的土壤水，重力势为负值。因此，重力势与土壤性质无关，只取决于研究点与参比点之间的距离。

（四）压力势（Ψ_p）

在土壤水饱和的情况下，压力引起的土水势变化称为压力势。在不饱和土壤中，土壤水的压力势一般与参照水面（自由水面）相同。土表的参照水面与大气接触，仅受到大气压力，其压力势为零，因此不饱和土壤水的压力势也为零。在水分饱和的土壤中，所有孔隙都充满水，水分已成连续水体。在土体内部的土壤水除承受大气压外，还要承受其上部水柱的静水压力，由于压力势大于参比标准，故压力势为正值。

（五）总水势（Ψ_t）

土水势指土壤水在各种力作用下势能的变化，是以上各分势的和，又称总水势（Ψ_t）。用数学表达为：

$$\Psi_t = \Psi_m + \Psi_g + \Psi_s + \Psi_p$$

土水势可以用仪表直接测定，根据水分特征曲线可查得土壤含水量。由土壤各点的土水势值，可判断土壤水运动的方向和强度，水总是由土水势值大处向土水势值小处流动，以达到平衡。土水势概念的建立和运用，使土壤–植物–大气连续体（SPAC）中水分运动研究有了统一标准，所以它在农业科学、生命科学、环境科学等领域应用广泛。

二、土壤水吸力

基质势和溶质势一般为负值，在使用中不太方便。为了避免应用土水势负值在研究土壤水时出现增减上的麻烦，将基质势和溶质势的相反数（正数）定义为吸力，分别称为基质吸力和溶质吸力。土壤水吸力并不是土壤对水的吸力，而是土壤水承受一定吸力的情况下所处的能态，所以它的意义和土水势一样。由于土壤水在保持和运动中不考虑溶质势，所以一般谈及的吸力指基质吸力，其值与 Ψ_m 相等，但符号相反。土壤水吸力在概念上虽不是土壤对水的吸力，但仍可以用土壤对水的吸力来表示它。吸力同样可用于判断土壤水的流向。土壤水总是由吸力低处向吸力高处流动。从物理意义上说，土壤水吸力不如基质势那么严格，但它比较形象易懂，且可避免运算时使用负值，使用较为普遍。

三、土壤水分特征曲线

土壤基质势或水吸力是随土壤含水率而变化的。研究土壤水的保持运动和植物供水时，除了解土壤水吸力外，必然也要了解土壤水分含量。土壤水分含量和土壤基质势或水吸力是一个连续函数。把土壤基质势或水吸力与土壤含水量之间的关系曲线，称为土壤水分特征曲线（图 5-4）或土壤持水曲线。这个曲线是在测定原状土样在不同土壤基质吸力下相应含水量后绘制而成的。它体现某一含水量时土壤水的吸水力，或土壤水处于某一吸力的土壤含水量。这样就把土壤水的两个很重要性状（土壤含水量和水吸力），以及它们相应的关系表示出来了，便于说明许多土壤水分性状的特点。土壤水分特征曲线是研究土壤水分的保持和运动的、反映土壤水分基本特征的曲线。

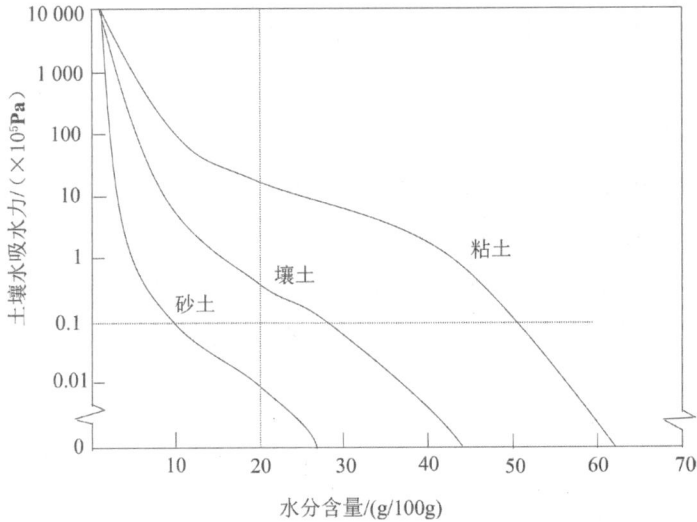

图 5-4　几种不同质地土壤的水分特征曲线

土壤水分特征曲线受多种因素影响，不同质地的土壤，其水分特征曲线各不相同，差异很大。一般而言，土壤黏粒含量愈高，同一吸力条件下土壤的含水率越大，或同一含水率下，其吸力值越高。这是因为土壤中黏粒含量增多，会使土壤中的细小孔隙发育。由于黏粒土壤孔径分布较为均匀，故随着吸力的提高，含水率缓慢减少。土壤水分特征曲线也受土壤结构的影响，在低吸力范围内尤为明显。土壤越密实，则大孔隙数量越少，而中小孔径的孔隙越多。因此在同一吸力下容重越大的土壤，相应的含水率也要大一些。温度对土壤水分特征曲线也有影响。温度升高时水的黏滞性和表面张力下降，基质势相应增大或者说土壤水吸力减小。

土壤水分特征曲线对同一土壤并不是固定的单一曲线。它与测定时土壤处于吸水过程（如湿润过程）或脱水过程（如干燥过程）有关，如图5-5所示。从饱和点开始，逐渐增加土壤水吸力，使土壤含水量逐渐减少所得的曲线（脱水曲线），与由干燥点起始逐渐增加土壤含水量，减小土壤水吸力所得的曲线（吸水曲线）是不重合的。同一吸力值可有一个以上的含水量值，说明土壤水吸力与含水量之间并非单值函数，这种现象称为土壤水分特征曲线的滞后现象。

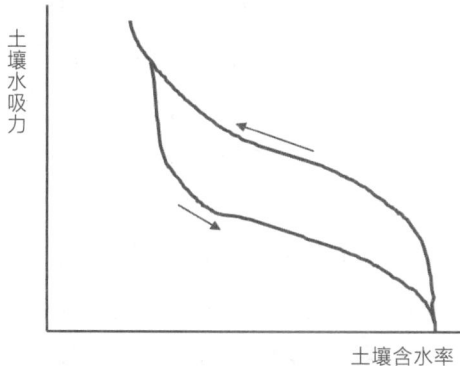

图 5-5 土壤水分特征曲线的滞后现象

土壤水分特征曲线具有重要的实用价值。首先利用它可以进行土壤水吸力和含水率之间的换算；其次，土壤水分特征曲线也可以间接地反映土壤孔隙大小的分布；第三，可用来分析不同质地土壤的持水性和土壤水分的有效性；第四，应用数学物理方法对土壤中的水运动进行定量分析时，水分特征曲线是必不可少的重要参数。

第四节　土壤水分运动

土壤水分运动可以分为三类：饱和流、非饱和流和水汽运动。前两者指土壤中液态水流动，后者指土壤中气态水的运动。土壤液态水都是在土壤水势梯度下的运动的，运动的方向为从水势高（自由能大）处向水势低（自由能小）处。

一、土壤水分的饱和流

土壤水分的饱和流指土壤孔隙全部充满水时的水流，这主要是重力水的运动。土壤中，有些情况下会出现饱和流，如大量持续降水和稻田淹灌时会出现垂直向下的饱和流；地下泉水涌出属于垂直向上的饱和流；平原水库库底周围则可以出现水平方向的饱和流。

饱和流的推动力是重力势梯度和压力势梯度，基本上服从饱和状态下液体在多孔介质中流动的达西定律，即单位时间通过单位断面的水量与水势梯度成正比。其数学式表示如下：

$$q = -\mathrm{Ks}\frac{\Delta H}{L}$$

式中：q：土壤水通量，即单位时间通过单位面积土壤的水量；ΔH：水流两端的水势差，以水柱高度表示；L：水流路径的直线长度；Ks（cm/h）：土壤饱和导水率，即土壤所有的孔隙都充满水时，水分向土壤下层或横向运动的速度；"—"表示水流方向与压力势梯度方向相反。

土壤饱和导水率是常数，是土壤导水率的最大值，反映土壤的饱和渗透性能。其大小主要取决于土粒大小分配与孔隙的形状与组合情况。砂土粗孔隙比壤土多，壤土又多于黏土，故一般情况下饱和导水率是砂土＞壤土＞黏土。对于同一质地的土壤来说，水稳性结构发达，土壤的饱和导水率比无结构或非水稳性结构土壤的大。土壤中的饱和流也受有机质含量和无机胶体性质的影响。有机质有助于维持大孔隙高的比例，而有些类型的黏粒特别有助于小孔隙的增加，这就会降低土壤导水率。例如含蒙脱石多的土壤导水率比含 1∶1 型黏粒多的土壤导水率低。在生产实践中，饱和水流的情况对排水不良的土壤更重要一些。

二、土壤水分的非饱和流

土壤水分的非饱和流指土壤中只有部分孔隙中有水时的水流。在多数田间，土壤水分是在不饱和条件下发生移动的。此时土壤的大孔隙甚至一部分较大的毛管孔是空的。在这样的条件下，水分移动的速率比饱和水运动速率要小，而且随着土壤含水量减少，运动速率迅速降低。土壤非饱和流包括膜状水移动和毛管水运动。膜状水移动速率很小。毛管水运动速率较大，水量也较大，是土壤水分运动的重要方式。毛管水运动是源源不断供应植物水分的重要来源，但也是造成土表蒸发失水的主要原因，在地下水位较高的情况下，既要充分利用毛管上升水补给耕层水分，以供应植物水分，又要减少蒸发失水。尤其是在盐渍土地区，要防止地下水和下层土壤的盐分随毛管水流向土表积聚而造成盐害。

土壤水分的非饱和流其推动力主要是基质势梯度。重力势虽也有一定的作用，但与基质势相比，它的作用很小。它可用非饱和达西定律来描述，对一维垂直向下非饱和流，其表述式为：

$$q=-K\frac{d\varPsi}{dx}$$

式中：q：土壤水通量；K：非饱和导水率；$\frac{d\varPsi}{dx}$：总水势梯度；"—"表示水流方向与压力势梯度方向相反。

非饱和条件下土壤水流的数学表达式与饱和条件下的类似。两者的区别在于：饱和条件下的总水势梯度可用差分形式，非饱和条件下则用微分形式；饱和条件下的土壤导水率对特定土壤为一常数，而非饱和导水率是土壤含水量或基质势的函数。土壤水吸力与导水率之间的关系如图 5-6 所示，当土壤水吸力为零或接近于零，饱和导水率最大。在低吸力水平时，砂质土中的导水率比黏土导水率高；在高吸力水平时，则与此相反。

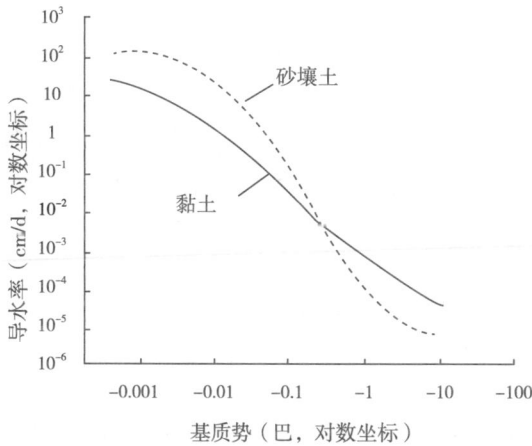

图 5-6　土壤吸水力与导水率之间的关系

三、水汽运动

土壤中保持的液态水可以汽化为气态水，气态水也可以凝结为液态水，两者处于动态平衡之中。气态水一般存在于土壤通气孔隙中，是土壤空气的组成部分。它在土壤中运动主要表现为水汽扩散和水汽凝结两种方式。

（一）水汽扩散

土壤中水汽运动的推动力是水汽压梯度，水汽由水汽压高处向低处扩散。水汽压梯度是土壤湿度梯度和温度梯度引起的。土壤中含水量差异越大，水汽压梯度也越大，水汽的扩散速度也越快。土壤温度的上升可明显引起水汽压的上升，因此土壤水汽的扩散总是由湿土向干土扩散，由温度高的地方向低的地方扩散。一般情况下，土壤温度梯度的作用远大于湿度梯度。

（二）水汽凝结

当水汽由暖处向冷处扩散遇冷时便可凝结成液态水，这就是水汽的凝结过程。在地下水埋深度较浅的"夜潮地"，白天土壤表层被晒干，夜间降温，底土土温高于表土，所以水汽由底土向表土移动，遇冷便凝结，使白天晒干的表土又恢复潮湿，即表土的"夜潮"现象。冬季表土冻结，水汽压降低，而冻层以下土层的水汽压较高，于是下层水汽不断向冻层集聚、冻结、使冻层不断加厚，其含水量有所增加，这就是冬季北方地表经常出现的"冻后聚墒"现象。水汽的凝结在干旱地区对于耐旱的漠境植物供水具有重要意义，因为许多漠境植物可在极低的水分条件下生存。

第五节　土壤空气状况

土壤空气是土壤的重要组成，它对植物的生长发育、土壤微生物的活动和各种营养物质的转化都有非常重要的甚至决定性的作用。因此，空气是土壤肥力四大因素之一。

一、土壤空气的含量、组成及变化规律

（一）土壤空气的含量

土壤空气源自大气，它存在于未被土壤水分所占据的孔隙中。其含量与土壤水分此消彼长。就其含量而言，一定容积的土体内如孔隙度不变，则含水量增多，空气含量必然减少，反之亦然。对于旱作，要求土壤空气孔隙容积在10%以上。

（二）土壤空气的组成

土壤空气主要来源于大气，少量来自土壤中生物化学过程所产生的气体，所以土壤空气与大气组成相似（表5-2），但也存在差异。与大气比较：①土壤空气中的CO_2含量高于大气，通常比大气高5倍至数十倍，甚至百倍以上。因为土壤中生物活动、有机质的分解和根的呼吸作用能释放出大量的CO_2。②土壤空气中的O_2含量低于大气。这是土壤中植物、动物、微生物等生物消耗的结果。当土壤空气中CO_2含量增高时，O_2的含量必同时应生物的消耗而相应减少。这在严重情况下，对植物根系的呼吸和微生物的好气活动会产生不利的影响。③土壤空气中的水汽含量一般高于大气。土壤中的水汽几乎都是饱和的，因为除表土层和干旱季节外，只要土壤含水

量在吸湿系数以上，土壤水分就会不断蒸发，而使土壤空气呈水汽饱和状态，这对微生物活动有利；而大气只有在多雨季节才接近饱和。④土壤空气中含有较高量的还原性气体。特别是淹水土壤中，由于通气受阻，微生物对有机质进行厌氧性分解会产生大量还原性气体，如 CH_4、H_2、H_2S 等，危害作物生长。

表 5-2　土壤空气与大气组成的差异

气体成分	氧气占比 /%	二氧化碳占比 /%	氮气占比 /%	其他气体占比 /%
近地面大气	20.99	0.03	78.05	0.94
土壤空气	18.00～20.03	0.15～0.65	78.08～80.24	-

（三）土壤空气的变化规律

土壤空气的组成显然不是固定不变的。影响土壤空气变化的因素很多，如水分、土壤生物活动、土壤深度、pH、季节变化、栽培措施等。土壤空气组成的动态变化有季节性变化，也有昼夜变化。一般来说，随着土层深度的增加，土壤空气中 CO_2 含量增大，O_2 含量减少，膜地或露地均是如此。气温和土温升高，根系呼吸加强，微生物活动加快，土壤空气中的 CO_2 含量也增加，夏季 CO_2 含量最高。覆膜田块的 CO_2 含量明显高于未覆稻草原露地，O_2 反之。土壤空气中 CO_2 和 O_2 的含量是此消彼长的，两者的总和维持在 19%～22%。

近年来，由于工业废气排放和汽车尾气排放等，大气污染日益严重。空气中出现一些有毒气体，大气中 CO_2 含量也有增加的趋势，已经对自然生态环境和气候条件产生影响，必须重视。这种情况也将对土壤空气状况和生命活动产生某些影响。

二、土壤通气性

（一）土壤通气作用

大气成分相对稳定，而土壤空气的数量和成分常随时间和空间变化而变化。这些变化与土壤通气条件有着密切关系。土壤通气性泛指土壤空气与近地层大气进行交换以及土体内部允许气体扩散和通气的能力。通过和大气交流，土壤不断更新组成，并使土体内各部分组成趋向均一。土壤具有适当的通气性，是保证土壤空气质量提高、土壤肥力不可缺少的条件。如果通气性极差，土壤空气中的 O_2 在很短时间内就可能被全部消耗，CO_2 含量随之增加，作物根系的呼吸就会受到严重抑制。据研究，只有当土壤中通气孔度占土壤体积 10% 以上时，土壤通气才有保障。理想的情况是通气孔占土壤体积的 20% 左右，以保证在降雨或灌溉时水分迅速渗入土中而保存在耕层或下层，水因重力迅速排出，而留出通气的"走廊"。

（二）土壤通气机制

土壤是一个开放的耗散体系，时刻与外界进行着物质和能量的交换。土壤空气在土体内部不停地运动，并不断和大气进行交换，交换的机制有两种，即气体的对流和扩散。

1.气体的对流

受外界条件（土壤温度、空气温度、气压和风等）影响，土壤空气与大气间气体进行整体交流，在总的气体交换中气体的对流较为次要。气体的对流主要由土壤空气与大气之间的总压力梯度引起，由高压区向低压区进行运动。很多原因可以引起土壤与大气间的压力差，如土温高于气温，土内空气受热膨胀而被排出土壤；灌水或降雨使土壤中较多的孔隙被水充塞，而把土内部分空气排出土体。反之当土壤水分减少时，大气中的新鲜空气又会进入土体的孔隙内。在水分缓缓渗入时，土壤排出的空气数量多，但在暴雨或大水漫灌时，会有部分土壤空气来不及排出而封闭在土壤空气中，这种被封闭的空气往往阻碍水分的运动。地面风力也可把表土空气整体抽出。另外，翻耕或疏松土壤都会使土壤空气增加，而农机具的压实作用使土壤孔隙度降低，土壤空气减少。

2.气体的扩散

气体扩散指气体分子由浓度大（分压大）的地方向浓度小（分压小）的地方移动。一般情况下，扩散作用是土壤通气的主要机制，由个别气体分压梯度引起。在土壤空气的组成中，CO_2 的含量高于大气，而 O_2 的浓度低于大气，这样就分别产生了土壤和大气之间 CO_2 和 O_2 的分压差。在分压梯度的作用下，CO_2 气体分子从土壤中向大气扩散，同时 O_2 分子不断从大气向土壤空气扩散。这种土壤从大气中吸收 O_2，同时排出 CO_2 的气体扩散作用，称为土壤呼吸。气体扩散与空气占据的孔隙多少及孔隙大小有关。黏重土壤，特别是其表土缺乏团粒结构且底土压实时，缺少大孔隙，气体运动很慢。这种土壤中 CO_2 含量较高，且难以迅速被新鲜空气替代。所以黏重紧实的土壤必须经常进行中耕松土，并适当深耕以加厚疏松的耕层，促进通气透水，增施有机肥料，促进土壤团粒结构的形成。这样能更好地解决水气矛盾，同时创造了蓄水通气的条件（图5-7）。

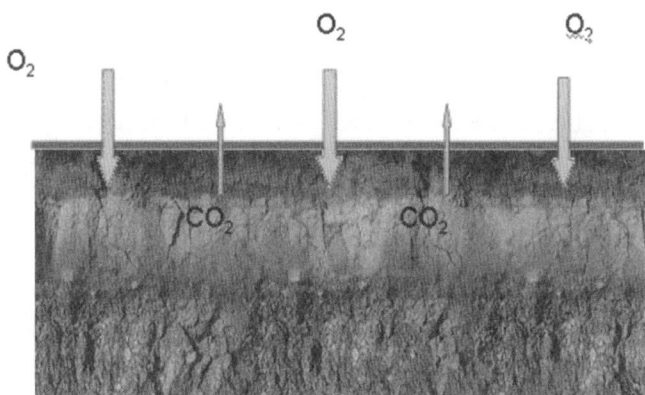

图 5-7　土壤空气的扩散机制

第六节　土壤热量状况

土壤是有温度的，土壤温度是土壤热量的表现。土壤中一切生命活动和化学过程，如有机质的分解、矿物质的风化、养分形态的转化等，都伴随着热量的吸收和释放。所以土壤温度的高低决定着这些过程的方向和速率，同时作物的发芽、出苗、生长发育以及成熟，都需要一定的温度条件。如喜温作物在早春播种，以 5cm 深处的土温稳定在 12℃ 以上为宜。了解土壤热量的收支、热性质和土壤温度的变化，对调节土壤热状况、满足作物对土壤温度状况的要求、提高土壤肥力有着十分重要的意义。

一、土壤热量来源

土壤的热量来自太阳辐射能、生物热和地热。太阳辐射能是土壤热量的主要来源，生物热和地热仅在某特定条件下发挥作用。

1. 太阳辐射能

这是土壤热量最主要的来源。通常太阳的辐射主要是短波辐射。太阳辐射透过大气层时，有相当大一部分被大气中的水汽、云雾、二氧化碳、氧气、臭氧和尘埃等吸收，散射和反射直接到达土壤表面的只有一小部分，到达地表的太阳能称为太阳直接辐射。被大气散射和云层反射的太阳辐射，能通过多次的散射和反射，将其中的一部分散射到地球上，这部分辐射能是太阳的间接辐射能，一般称为天空辐射能。因此，到达地球的太阳辐射能只是太阳辐射总能量的一部分。如，在晴朗少云的干旱地区，有 75% 的太阳能到达地面，而在多云的湿润地区只有 35% ～ 40% 的能量到达地面。到达地面的太阳辐射能中，又有 30% ～ 45% 反射至大气中或是通过热辐射而损失掉，那么，总共只有 5% ～ 15% 的净辐射能是用来加热土壤和植被的。研究表明，太阳光直射的土壤吸热多，斜射的土壤吸热少。因此，地球上不同纬度和坡向等接受的辐射能也不同，这就是山坡向阳一面和背阴一面的树木生长有那么大区别的主要原因。

2. 生物热

生物热指微生物分解有机质释放的热量。土壤微生物在分解有机质的过程中，常放出一定的热量，小部分被微生物自身利用，而大部分可用来提高土温。这部分土壤中生物作用及物质转化产生的热量虽少，但在特定条件下，如温床育苗、厩肥腐烂时放出的热量可提高土温。

3. 地热

地热指地球内部的岩浆传导至土壤表面的热量。因地壳导热能力很差，对土壤温度的影响很小。但在一些地热异常区，如温泉附近、火山爆发区，这一因素则不可忽视。

二、土壤热学性质

同一地区的不同土壤，获得的太阳辐射能几乎相同。但土壤温度却差异较大，这是因为土壤温度的变化受土壤热学性质的影响。标志土壤热学性质的土壤热特性主要有土壤热容量、土壤导热率和土壤导温率等。

（一）土壤热容量

土壤热容量指单位容积或单位质量的土壤在温度升高或降低 1℃ 时所吸收或放出的热量。土壤热容量有两种表示方法，单位重量的土壤增减 1℃，所需要吸收或放出的热量称为重量热容量，也叫土壤比热，用 C 表示，单位是 J/（g·℃）；单位容积的土壤每增减 1℃，所需要吸收或放出的热量称为容积热容量，用 C_v 表示，单位是 J/（cm³·℃）。重量热容量可以实际测定，而容积热容量不好实测，只能通过重量热容量来换算得到。两者的关系如下：

$$C_v = C \times p （土壤容重）$$

热容量是影响土温的重要热性质。如果土壤的热容量小，即升高温度所需要的热量少，土温就容易上升；反之热容量越大，土温升高或降低越慢。土壤是由固、液、气三相物质组成的，所以土壤热容量的大小取决于其固、液、气三相物质的组成比例。从表 5-3 中可以看出土壤中固、液、气三相组成的热容量有很大差别，不同固相物质热容量也不相同。一般矿质土粒的 C_v 是 1.9 J/（$cm^3 \cdot ℃$）。故土壤的容积热容量（C_v）可用下式表示：

$$C_V = 1.9V_m + 2.5V_o + 4.2V_w \longrightarrow C_V = 0.45V_m + 0.60V_o + V_w$$

式中：V_m：矿物质容积；V_o 有机质容积；V_w：水容积。空气 C_V 太小，略去。对于某一特定土壤来说，土壤固体部分变化很小，因此，土壤热容量的大小主要决定于土壤水分和空气数量。凡水多气少的土壤，热容量就大，增温慢，冷却也慢，温度变化小；反之，水少气多，土温变化就大。一般通过调节土壤水分状况来调节土壤热状况。所以农民伯伯在稻田管理的时候，早春白天排水，使土壤水分减少空气增加，土壤增温就快；早春夜间灌水，使土壤水分增加空气减少，土壤冷却就慢，达到保温效果；夏季又运用深灌，使土壤水分增加空气减少，土壤增温就慢，减少夏季高温影响。同一地区，砂土的含水量比黏土低，热容量比黏土小，因此砂土在早春白天升温较快，称为"热性土"，而黏土则相反，称为"冷性土"。

表5-3　土壤不同组分的热学性质

土壤组成分	重量热容量 / [J/(g·℃)]	容积热容量 / [J/(cm³·℃)]	导热率 / [J/(cm·s·℃)]	导温率 / (cm²/s)
土壤空气	1.004	1.255×10^{-3}	2.092×10^{-4}	0.17
土壤水分	4.184	4.184	5.021×10^{-3}	1.21×10^{-3}
腐殖质	1.996	2.515	1.255×10^{-2}	4.9×10^{-3}
高岭石	0.975	2.41	–	–
粗石英砂	0.745	2.163	4.427×10^{-2}	2.05×10^{-3}
Fe_2O_3	0.682	–	–	–
Al_2O_3	0.908	–	–	–

（二）土壤导热率

土壤吸收热量后，一部分用于它本身升温，另一部分传送给邻近土层。从温度较高的土层向温度较低的土层传导热量的性质，称为导热性。总体来看，土壤是个不良导体，50cm 以下土温变化很小。土壤导热率（λ）是用来衡量土壤导热能力大小的，指土层厚度为 1cm，温差为 1℃ 时，每秒钟通过 $1cm^2$ 断面的热量。单位：$J/cm^2 \cdot s \cdot ℃$。其大小与土壤固、液、气三相组成比例有关。

土壤矿物质的导热性为空气的 100 倍，导热率最大，水次之，空气几乎不传热。虽然矿物质的导热率最大，但它相对稳定且不易变化。由此可知，土壤导热性的大小与土壤固、液、气三相组成比例有关，主要取决于空气和水分之间的相对比例。当土壤干燥缺水时，土粒间的土壤孔隙被空气占领，导热率就小。当土壤湿润时，土粒间的孔隙被水分占领，导热率增大。因此，农民伯伯中耕松土是有道理的，这是为了减弱土壤导热性，使表土温度不易向下传递，深土温度不易向上散失。冬季北方果园要灌水也是有道理的，这是为了增强土壤导热性，让更高的土壤深层温度向表土传导，从而保持地温。

（三）土壤导温率

土壤导温率（D）又称土壤热扩散率，指在标准状况下，在土层垂直方向上距离为1cm，温差为1℃，每秒流入1cm^{2}土壤断面面积的热量，使单位体积（1cm^3）土壤所发生的温度变化。它是衡量导温性强弱的指标，表示土壤加热或冷却过程中温度平衡的速度。在一定热量供给下，土壤温度变化取决于导热性λ和热容量C。土壤导温率的计算公式为：

$$D=\frac{\lambda}{C_V}$$

式中：D为土壤导温率；λ为导热率；C_V为土壤容积热容量。可见，土壤导温率与导热率呈正相关，与热容量呈负相关。土壤空气的热扩散率$=2.092 \times 10^{-4}/1.255 \times 10^{-3}=0.17$，土壤水的导温率$=5.021 \times 10^{-3}/4.184=1.21 \times 10^{-3}$，因此，土壤空气的导温率比土壤水分要大得多。就一定土壤来讲，土壤固相物质比较稳定，土壤导温率主要取决于土壤水和空气的比例。因此，干土比湿土容易增温。由于热量较难测定和掌握，在研究热量状况时，往往都从导温率入手，凡是影响λ和C_V的因素，如土壤水分、质地、松紧度、结构及孔隙状况等，均影响导温率D。

三、土壤温度调节

土壤温度是土壤肥力因素之一，它对土壤中其他肥力因素也有影响。为了满足作物生长发育的需要，必须围绕"早春增加土温、夏季降低土温、秋冬保持土温"的目标，采取行之有效的措施。土壤温度调节，可减少寒潮、霜冻、高温等带来的危害。土壤温度的调节可通过改变地面辐射平衡和热量平衡的因子来改变土壤热学特性。如早春寒潮期间多灌水、灌深水，避免土温骤然下降，增强幼苗抵御低温能力。一般天气浅水间灌，通气升温，促进作物生长；夏季以增强土壤散热性为主，短期灌深水与经常性灌水露田结合，以达到散热、通气、供水的目的，促进作物生长发育；秋冬时节一般结合施肥，实行霜前灌水，以减轻作物冻害。在保证施足底肥的前提下，增施有机肥，其一可加深土色，增加土壤吸热力；其二有机质分解会放出热量；其三能使土壤疏松，增加空气容量，降低土壤热容量，土壤增温快。早春和秋冬低温季节也可用草木灰、切碎的紫云英、干（湿）牛粪、苔藓、塑料薄膜等覆盖地面，提高土壤吸热，减少散热，有保温防冻作用。夏秋高温干旱期间，用稻草或其他作物秸秆覆盖地面，有遮阴防晒，降低土温作用，同时还能减少水分蒸发和消灭杂草。这有利于土壤空气容量增加，减少表土热量向下传导和下层土温上升。因此，早春应对黏重紧实土壤进行中耕松土来提高土温，加快种子萌芽；夏季应中耕松土，缓和根系活动层土温过高，促进作物根系生长。

【本章主要知识点】

1. 掌握土壤水分类型与有效性。

2. 掌握土壤含水量的表示方法及计算。

3. 理解土壤水分能量观点。

4. 掌握土壤空气与大气的区别。

5. 掌握土壤空气与热量对肥力的影响。

【思考题】

1. "锄头底下有火，锄头底下有水"是什么意思？理论依据是什么？

2. 为什么将砂土称为"暖土"，将黏土称为"冷土"？

3. 地形和覆盖如何影响土温变化？

第六章
土壤胶体和土壤吸收性

第一节 土壤胶体

土壤胶体是土壤中较细小且较活泼的部分。很多重要的土壤性质，如土壤的吸附性、酸碱性、缓冲性等，都发生在土壤胶体和土壤溶液的界面上。假如土壤颗粒都像卵石或沙子一样大，而没有胶体颗粒，土壤性质就不会这样复杂。了解土壤胶体的大小、形状、表面积、表面电荷等性质是理解土壤中吸附反应、聚合、沉淀、溶解等的基础。所以，土壤胶体的研究是很重要的。

一、土壤胶体的概念

胶体，又称胶体分散系，指一种或数种物质的细微颗粒均匀地分散于另一种物质中，前者称分散相，后者称分散介质。因此，胶体是一种均匀的混合物，含有两种不同状态的物质，一种分散，另一种连续。分散质粒子一般指直径在 $1 \sim 100nm$（在长、宽、高三个方向，至少有一个方向在此范围内）的固体颗粒。土壤胶体是由土壤胶体颗粒与土壤溶液组成土壤胶体分散体系，其分散相为细土粒（包括有机–无机胶体、有机–无机复合胶体和微生物活体等）；分散介质为土壤水，实际上不是纯水，而是一种极稀薄的溶液。因此，由土壤胶粒分散在土壤溶液中而形成土壤胶体。实际上，土壤胶体粒径的大小范围不是绝对的，因为胶体性质的出现随着粒径的减小而加强，没有清晰的界线。土壤颗粒直径小于1000nm的黏粒都具有胶体性质。在土壤黏粒分级标准中，国际制的黏粒指小于2000nm的土壤颗粒；卡制的黏粒指小于1000nm的土壤颗粒。因此，我们将全部黏粒归为胶体或准胶体颗粒。

土壤中所有的物质交换和能量转换都是在土壤胶体分散体系中进行的。土壤胶体具有可逆或不可逆的凝聚作用和分散作用。在不同的情况下，土壤胶体可表现出两种不同的状态：一种是胶粒均匀分散在溶液中，呈高度分散的溶胶状态；另一种是胶粒彼此凝聚在一起，呈絮状的凝胶状态。由溶胶变为凝胶的过程称为胶体的凝聚作用；反之，由凝胶变为溶胶的过程称为胶体的分散作用。土壤胶体在大多数情况下都是凝聚状态。凝聚状态的土壤胶体可以用一价阳离子使其分散。但并非所有凝胶都能再变为溶胶，有些是不可逆的。如由 Fe^{3+}、Al^{3+}、Ca^{2+}、Mg^{2+} 等阳离子引起的凝胶，一般都是很难或不能再溶的胶体，所形成的土壤结构是水稳性的。而由一价阳离子如 K^+、Na^+、NH_4^+ 所引起的凝胶则是可逆的，当稀释时，又可转化为溶胶。因此，土壤中只有这两种状态的胶体保持适当的比例时，才不致使保供肥发生矛盾，并具良好的性状。

土壤中的电解质浓度是经常变化的，如干湿交替、冻融作用以及各种农业技术措施（包括施肥、灌水、中耕、烤田等），都可使土壤溶液中的电解质浓度发生变化，从而使胶体的状态发生变化，或凝聚或分散。如施用石灰可显著增加土壤中 Ca^{2+} 的浓度，从而促进土壤胶体凝聚，形成良好的结构。又如集中施用化肥，可显著提高局部土壤溶液的电解质浓度，也可改变局部土壤胶体的状态。总之，土壤胶体的凝聚与分散，直接影响土壤的许多重要性质，尤其是土壤的结构、通透性和土壤耕性等。

二、土壤胶体的种类

土壤胶体的成分比较复杂，按其形态和性质可分为无机（矿质）胶体、有机胶体和有机–无机复合胶体。胶粒的主要化学成分为层状铝硅酸盐黏粒矿物，其次是凝胶类硅酸盐、氧化物以及与铁、铝等相结合的腐殖质。后一类化合物通过物理的或化学的方式与铝硅酸盐结合，并团聚在一起。实际上，土壤中还有许多微生物，其个体大小在胶体范围内，是活的生物胶体，这些生物体及它们的代谢物也参与这种团聚作用，组成了结构非常复杂的土壤胶体系统。土壤中的矿质胶体和有机胶体很少单独存在，据报道有 60% ～ 95% 的有机碳与无机胶体结合。土壤腐殖质中的活性官能团与黏粒表面的活性原子团或化学键产生物理、化学和物理化学作用，而将两者结合在一起，形成稳定性不等和性质不等的有机–无机复合体，如图 6-1 所示。

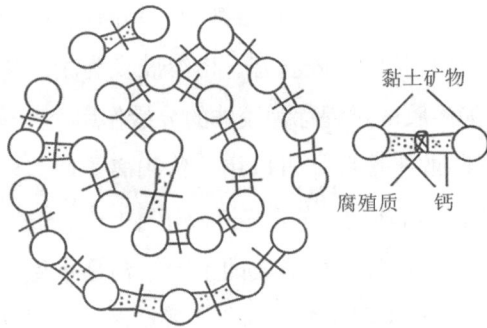

图 6-1　有机无机复合体

三、土壤胶体的构造

　　土壤胶体颗粒作为分散质，分散于土壤溶液中，形成土壤胶体分散系。因此，土壤胶体分散系包括胶体微粒（分散相）和微粒间溶液（分散介质）两部分。通常用双电层理论描述胶体微粒的构造。根据双电层理论，胶体微粒在构造上，可分为微粒核和双电层两部分。

　　带电胶粒分散在电解质溶液中。静电引力在胶粒周围形成一个带相反电荷的离子层，胶粒表面及其周围的离子层，就构成了胶体的双电层（图 6-2）。双电层的构造包括胶核、决定电位离子层和补偿离子层三部分，图 6-3 是胶体颗粒的构造图式。胶粒核主要由腐殖质、无定形的氧化硅、氧化铝、氧化铁、铝硅酸盐晶体物质、蛋白质分子以及有机无机胶体的分子群构成。胶粒核表面的一层分子，通常解离成离子，形成一个离子层。这些离子层的电荷数量和密度对外层的反号离子的多少及两层电荷间电位具有决定作用，故称为决定电位离子层；通过静电引力，决定电位离子层在外围形成一层符号相反而电量相等的离子层，使整个胶体微粒达到电中性，这些来源于溶液中的反号离子称为补偿离子层。根据补偿离子被决定电位离子层吸着力的强弱和活动情况又分为两部分，即非活性补偿离子层和扩散层。这两层之间也不是截然分开的，而是逐渐过渡的。非活性补偿离子层指紧靠决定电位离子层的补偿离子，被吸附得很紧，活性小，不能自由活动，难以解离，基本不起交换作用，所吸附的养分较难被植物吸收利用。扩散层指分布在非活性层以外，离胶核较远，被吸附得较松，有较大的活动性，可与周围环境中的离子进行交换，即通常所说的土壤离子交换作用。扩散层中离子分布也是不均匀的，离胶核越远离子数量越少。

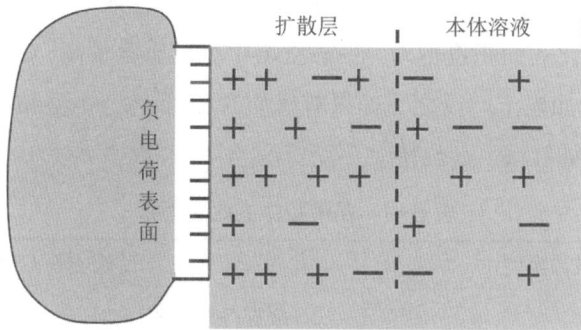

图 6-2　土壤胶体扩散双电层

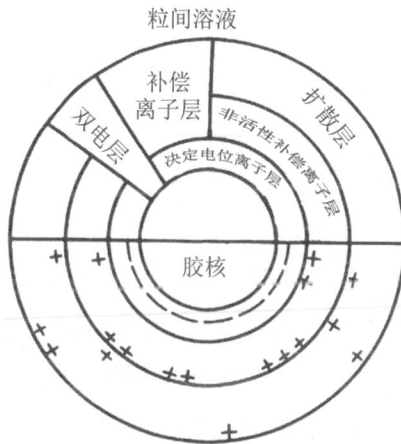

图 6-3　胶体颗粒的构造

四、土壤胶体的基本性质

土壤胶体的性质很多，对整个土壤的性质影响极大，但较能体现胶体性质并对土壤性质产生巨大影响的主要有以下几方面。

（一）土壤胶体的表面积

土壤胶体的表面积是评价土壤胶体表面化学性质的指标之一，常以比表面来表示。它是单位质量的物质的表面积总和，即比表面＝总面积/质量。它的大小随着胶体颗粒的破裂而逐渐增加，颗粒越细，比表面积愈大，表面能亦愈大，因而土壤的物理吸收作用愈显著，蓄水保肥能力愈强。土壤胶体如黏粒、腐植酸分子等相当细微，土壤胶体的表面积很大，可以吸附大量的养分离子（表 6-1）。土壤胶体的表面可以分为内表面和外表面。内表面指膨胀性黏粒矿物层间的表面，外表面指黏土矿物的外表面以及腐殖质、游离氧化铁、游离氧化铝等包被的表面。不同土壤的胶体组成不同，土壤的比表面积也不同。一般土壤中有机质含量高，2∶1型黏粒矿物多，则比表面积较大，如黑土。反之，如果有机质含量低，1∶1型黏粒矿物较多，则其比表面积就较小，如红壤、砖红壤。

表6-1　各种胶体的比表面积

胶体类型	比表面积 / (m^2/g)
蒙脱石	600～800
伊利石	50～200
高岭石	1～40
蛭石	600～800
水铝英石	70～300
腐殖质	800～900

（二）土壤胶体的电荷

与一般的胶体类似，土壤胶体也带电荷。土壤电荷的性质包括电荷符号、数量和密度等。土壤胶体吸附什么离子主要受胶体表面电荷符号的影响。吸附离子的多少取决于土壤胶体所带电荷的数量。而离子被吸附的牢固程度则与土壤胶体的电荷密度有关。此外，离子在土壤中的移动和扩散，土壤有机-无机复合体的形成，以及土壤的分散、絮凝和膨胀、收缩等性质，也都受胶体表面电荷的影响。土壤胶体的电荷是许多物理化学性质的基础。从电性来看，土壤胶体表面的电荷既有正电荷也有负电荷，只是一般情况下，土壤胶体的净电荷常表现为负电荷。土壤胶体上的电荷根据其稳定性可分为永久电荷和可变电荷。

1.永久电荷

永久电荷起源于矿物晶格内部离子的同晶置换。如果低价阳离子置换了八面体或四面体中的高价阳离子，则造成正电荷的亏缺，产生剩余负电荷。同晶置换一般形成于矿物的结晶过程，一旦晶体形成，它所具有的电荷就不受外界环境的影响，而取决于黏土矿物同晶替代作用的强弱，故称为永久电荷、恒电荷或结构电荷。同晶置换作用是2∶1型和2∶1∶1型层状硅酸盐黏土矿物永久负电荷的主要来源。土壤中常见的黏土矿物以水云母类的同晶代换最发达，蒙脱石次之，高岭石最少，但表现出来的负电荷却以蒙脱石大于水云母，而以高岭石最少。

2.可变电荷

可变电荷指土壤固体表面从介质中吸附离子或向介质中释放离子而引起的电荷，其中最常涉及的离子是H^+离子和OH^-离子。电荷数量和性质随着介质pH的变化而变化，所以称为可变电荷。土壤胶体产生的可变电荷是正电荷还是负电荷，与土壤胶粒的电荷零点（ZPC、PZC或pH_0）有关。电荷零点指当土壤胶体的可变电荷表面所带电荷为零时土壤溶液的pH。可变电荷可来源：

1）腐殖质表面原子团的解离：主要由表面的羟基、酚羟基解离而使胶粒带负电荷，占腐殖质负电荷总量的85%～90%。土壤腐殖质是两性胶体，在土壤酸性较强的条件下，或当悬液pH低于电荷零点时，腐殖质分子上的氨基（—NH_2）可吸收H^+而带正电荷。腐殖质无永久电荷。

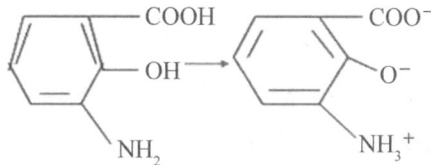

$$R\text{-}COOH \longrightarrow R\text{-}COO^- + H^+$$

$$R\text{-}NH + H^+ \longrightarrow R\text{-}NH_2^+$$

（2）水合氧化物型中—OH的解离：含水氧化铁、铝属于两性胶体。当氧化物不带电时的pH称为该胶体的电荷零点（ZPC）。当介质pH大于ZPC时解离出H^+，使胶粒带负电荷。当介质pH小于ZPC时解离出OH^-，使胶粒表面带正电荷。

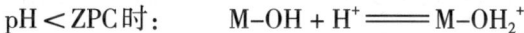

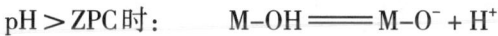

pH＜ZPC时：　　　　$M\text{-}OH + H^+ \rightleftharpoons M\text{-}OH_2^+$

pH＞ZPC时：　　　　$M\text{-}OH \rightleftharpoons M\text{-}O^- + H^+$

（3）层状硅酸盐黏土矿物晶面—OH的解离：矿物在风化破碎过程中，因晶层边缘晶格破裂引起晶面—OH中H的解离。高岭石类黏土矿物的晶体表面含—OH较多，当介质的pH<5时，它表面的—OH就解离出H^+使高岭石胶粒带负电荷。所以这一机制对高岭石类胶体电荷的产生特别重要。

通常所说的土壤带负电荷指土壤的净电荷，即土壤正电荷和负电荷的代数和。自然土壤的pH一般在5～9，而土壤胶体的大部分，特别是腐殖酸的电荷零点远低于这个范围，所以土壤的负电荷一般都多于正电荷。除少数土壤在较强的酸性条件下，如砖红壤，可能出现净正电荷外，绝大多数土壤是带净负电荷的。

第二节　土壤中的阳离子交换

一、土壤吸收性

混浊的水通过土壤会变清，粪水、臭水通过土壤后臭味会消失或减弱，海水通过土壤后会变淡等，这些现象说明了土壤对施入的肥料、盐分或微小颗粒有吸收和保持的能力。土壤吸持各种离子、分子和粗悬浮物质的能力称为土壤的吸收性。它是土壤能保存营养物质并不断地向植物提供养分的主要原因。按照机制土壤吸附可分为5种类型：①机械吸收，指土壤对进入其中的固体物体的机械阻留作用。②物理吸收，指借助土壤表面张力而吸附在土壤颗粒表面的物质分子。③化学吸收，指进入土壤溶液的某些成分经过化学作用，生成难溶性化合物或沉淀而保存于土壤中的现象。④生物吸收，指借助生活在土壤中生物（包括植物、微生物和一些小动物）的生命活动，把有效性养分吸收、累积、保存在生物体中的作用。⑤物理化学吸收，是发生在土壤溶液和土壤胶体界面上的一种物理化学反应。在本节主要介绍土壤的物理化学吸收。土壤胶体借助于极大的表面积和电性，把土壤溶液中的离子吸附在胶体的表面上而保存下来，避免这些水溶性的养分流失，被吸附在胶体表面的养分离子并不失去其有效性，还可被解吸下来供作物吸收利用，也可通过植物根系接触代换被吸收，这就属于物理化学吸收。物理化学吸收对土壤的理化性质及肥力的影响极大。离子吸附的动力主要是静电引力，这是因为土壤胶体一般都带有大量的电荷，有正电荷也有负电荷，因此它可以吸附土壤溶液中符号相反的其他阴阳离子。按照吸附的离子种类可分为阳离子吸附和阴离子吸附。土壤的物理化学吸收主要是对阳离子的吸附。

二、阳离子交换的特征

在自然条件下，土壤胶体一般带负电荷，胶体表面靠静电作用力吸附着多种带正电荷的阳离子。这些吸附它的阳离子都可以被溶液中的另一种阳离子交换而从胶体表面解吸，这种可以交换的阳离子叫作交换性阳离子。土壤中常见的交换性阳离子有 Ca^{2+}、Mg^{2+}、Na^+、K^+、NH_4^+、Fe^{3+}、Fe^{2+}、Al^{3+} 和 H^+ 等。其中 Al^{3+} 和 H^+ 称为致酸离子，它们和土壤酸度有密切关系。除 Al^{3+} 和 H^+ 离子以外的其他阳离子，它们都能和阴离子形成盐类，传统上称这些阳离子为盐基离子。它们大多是植物能迅速吸收同化的形态。发生在土壤胶体表面的交换反应称为阳离子交换作用。离子从土壤溶液转移至胶体表面的过程为离子的吸附，而原来吸附在胶体上的离子迁移至溶液中的过程为离子的解吸。两者构成一个完整的阳离子交换反应。例如，土壤胶体上原来吸附着钙，当施入氯化钾肥后，钙被钾交换出来进入溶液，而钾被土壤胶粒吸附，其反应如下。

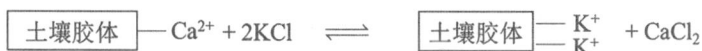

$$\boxed{土壤胶体}\!\!-\!\!Ca^{2+} + 2KCl \rightleftharpoons \boxed{土壤胶体}\!\!-\!\!{K^+ \atop K^+} + CaCl_2$$

　　阳离子交换作用有以下三个主要特点：①阳离子交换是一种可逆反应。阳离子交换反应是朝着两个相反方向进行的，该反应速度很快，能迅速达到平衡，这种平衡是相对的动态平衡。当溶液中的离子组成或浓度发生改变时，胶体上的交换性离子就会与溶液中的离子产生逆向交换，已被胶体表面静电吸附的离子重新归还溶液中，直至建立新的平衡。这一原理在农业化学上有重要的实践意义，如植物根系从土壤溶液中吸收了某阳离子养分后，降低了溶液中该阳离子的浓度，同样胶体表面的离子就解吸迁移到溶液中，被植物根系吸收利用。另外，可以通过施肥、施用土壤改良剂以及其他土壤管理措施恢复和提高土壤肥力。②阳离子交换遵循等价离子交换的原则，即等量电荷对等量电荷的反应。例如，用一个二价的钙离子去交换两个一价的钾离子，则 1mol Ca^{2+} 可交换 2mol 的 K^+。同样，1mol 的 Fe^{3+} 需要 3mol 的 H^+。③阳离子交换受质量作用定律支配。在一定温度下，对于任何一个阳离子交换反应，根据质量作用定律则有：$K = \dfrac{[产物1] \times [产物2]}{[反应物1] \times [反应物2]}$（K 为平衡常数）。根据这一原理，离子价数较低，交换能力较弱的离子。如果提高其浓度，其交换能力增大，可将交换能力离子价数较高、吸附力较强的离子交换出来。这对施肥实践以及土壤阳离子养分的保持等有重要意义。在土壤碱化过程中，中性钠盐的钠离子能交换土壤吸附性钙离子，也是这个缘故。

三、土壤阳离子交换能力

　　一种阳离子把其他阳离子从土壤胶体颗粒上交换出来的能力，称为土壤阳离子交换能力。影响土壤阳离子交换能力的主要因素有：①离子电荷的多少。由库仑定律可知，带电荷越多的阳离子，受胶体的静电吸附力越大，交换能力也越强。因此，阳离子的交换能力一般是 3 价 > 2 价 > 1 价，即土壤中主要阳离子交换能力的顺序是：$Fe^{3+} > Al^{3+} > H^+ > Ca^{2+} > Mg^{2+} > K^+ > NH_4^+ > Na^+$。②离子半径和水化度。在电荷数量相等的同价离子中，其交换能力主要取决于离子的半径及水合度。一般情况下，对于化合价相同的阳离子而言，离子的半径增大时，单位表面积的电荷量减小，对极性水分子的吸引力减弱，水合半径减小，离子外面形成较薄的水膜，使离子与胶体表面的距离较近，其交换能力较强。反之，离子半径小的，交换能力弱（表6-2）。在阳离子交换能力的序列中，氢离子是个例外，因为氢离子的半径较小，水化程度极弱，水膜特别薄，且它的运动速度快，交换能力很强，易被胶粒吸附。在高温多雨的地区，氢离子是土壤溶液中最不缺乏的离子，这也是土壤胶体上氢离子可占优势的原因。③离子浓度的影响。阳离子交换反应受质量作用定律支配，交换能力弱的离子如果浓度足够大，可以将交换能力强而浓度低的离子交换下来。例如，施用铵态氮肥时，NH_4^+同样可以交换土壤胶体表面吸附态的Ca^{2+}，而将NH_4^+保存在胶体表面，不致随水流失。

表6-2　离子半径、水化半径与交换能力的关系

一价离子种类	Li$^+$	Na$^+$	K$^+$	NH$_4^+$
离子的真实半径 /nm	0.078	0.098	0.133	0.143
离子的水化半径 /nm	1.008	0.79	0.537	0.532
离子在胶体上的吸着力	小　———————————————→大			
离子对其他离子的交换力	小　———————————————→大			

四、土壤阳离子交换量

土壤阳离子交换量（cation exchange capacity，CEC）指单位质量土壤所含的全部交换性阳离子总量，以每千克土壤的一价离子的厘摩数表示，即 cmol(+)/kg。它表示土壤所能吸附和交换的阳离子的容量，是重要的土壤理化性质，常以1mol中性醋酸铵交换法测定。不同的土壤，其阳离子交换量不同。土壤阳离子交换量实际上是土壤所带的负电荷的数量，因此影响土壤电荷的因素都会影响阳离子交换量，主要有：①土壤胶体含量。土壤的带电颗粒主要是土壤的黏粒部分，因此土壤黏粒含量越高，质地越黏重，负电荷越多，土壤阳离子交换量越大。②土壤胶体种类。不同类型的土壤胶体所带的负电荷差异很大，其阳离子交换量也明显不同。由表6-3可见，腐殖质和2∶1型黏土矿物其阳离子交换量较大，而高岭石和氧化物阳离子交换量较小。③土壤pH。pH是影响土壤可变负电荷的重要因素。随着土壤pH的升高，土壤可变负电荷增加，土壤阳离子交换量增大。可见，在测定土壤阳离子交换量时，控制pH是很重要的。

土壤阳离子交换量是衡量土壤肥力的主要指标，它直接反映土壤的保肥、供肥性能和缓冲能力。一般认为，阳离子交换量在20cmol(+)/kg以上为保肥力强的土壤；10～20cmol(+)/kg为保肥力中等的土壤；小于10cmol(+)/kg为保肥力弱的土壤。我国土壤的阳离子交换量由南向北、由东向西呈逐渐增加的趋势。北方土壤以蒙脱石、伊利石为主，阳离子交换量大，一般在20cmol(+)/kg以上。而南方红壤黏粒以高岭石及含水氧化铁铝为主，阳离子交换量一般较小，通常在20cmol(+)/kg以下。

表6-3 土壤干胶体的阳离子交换量

胶体类型	一般范围 /[cmol(+)/kg]	平均 /[cmol(+)/kg]
蒙脱石	60～100	80
水云母	20～40	30
高岭石	3～15	10
含水氧化铁、铝	极微	
有机胶体	200～500	350

五、土壤的盐基饱和度

前面已提及，土壤胶体吸附的交换性阳离子可以分为两种类型：一类是致酸离子，如H^+、Al^{3+}离子；另一类是盐基离子，如Ca^{2+}、Mg^{2+}、K^+、Na^+离子等。当土壤胶体上吸附的阳离子全部是盐基离子时，土壤呈盐基饱和状态，称为盐基饱和的土壤。当土壤胶体吸附的阳离子仅部分为盐基离子，而其余部分则为致酸离子时，该土壤呈盐基不饱和状态，称为盐基不饱和的土壤。盐基饱和的土壤具有中性或碱性反应，而盐基不饱和的土壤则呈酸性反应。各种土壤盐基饱和的程度是不同的，通常用盐基饱和度（base saturation）来表示。所谓盐基饱和度指土壤中交换性盐基离子总量占阳离子交换量的百分数，即：

$$盐基饱和度（\%）=\frac{交换性盐基总量}{阳离子交换量}\times100\%$$

例如：交换性盐基离子总量为10cmol(+)/kg，阳离子交换量为20cmol(+)/kg，该土壤的盐基饱和度为：（10/20）×100%=50%。

南方土壤中Al^{3+}和H^+等致酸离子较多，土壤的盐基饱和度小；而北方土壤的盐基饱和度大，Ca^{2+}和Mg^{2+}占有较大的数量和比例。盐渍化土壤中，Na^+和K^+所占的比例较大；而水稻土壤中，NH_4^+有时占有较大的比例。土壤胶体上阳离子的组成和盐基饱和度是土壤在自然条件下离子交换长期平衡的结果。随着土壤条件的变化，土壤吸附的阳离子的组成也经常变化，如灌溉、施肥和作物的吸收均可影响土壤胶体的阳离子组成。

盐基饱和度为土壤中矿质养分含量的指标之一，也与土壤反应有关。中性和碱性土壤盐基饱和度大，酸性土壤盐基饱和度小。我国土壤盐基饱和度大致以北纬33°为界，以北盐基饱和度较高，一般达 80% ～ 100%；以南盐基饱和度均较低，只有 20% ～ 30%，有的甚至少于 10%。盐基饱和度高的土壤，交换性阳离子以 Ca^{2+} 为主，其次是 Mg^{2+}，分别占 80% 和 15%。盐基饱和度低的土壤，交换性阳离子以 H^+ 和 Al^{3+} 为主。土壤胶体所吸附的阳离子保存了土壤中的速效养分，防止流失。速效养分也可以通过阳离子交换作用进入土壤溶液，被作物吸收利用。土壤中有效养分的绝大部分都是以这种形态存在的，一般把被土壤胶体吸附而又能交换下来的养分称为交换态养分，它对当季作物养分的吸收利用有决定性作用。如某种交换态养分少，那么土壤溶液中的这种养分也不会多，这样就可能导致作物缺乏该种养分元素。因此，盐基饱和度常常被作为判断土壤肥力水平的重要指标，盐基饱和度大于等于80% 的土壤，一般认为是很肥沃的土壤。盐基饱和度为 50% ～ 80% 的土壤为中等肥力水平，而饱和度低于 50% 的土壤肥力较低。

六、影响交换性阳离子有效度的因素

土壤胶体上吸附的交换性盐基离子（养分），可以通过离子交换进入溶液供作物吸收，是有效养分。土壤胶体上吸附的养分离子对植物的有效性，不完全决定于该种吸附离子的绝对数量，而在很大程度上取决于该离子解离的难易和被代换的难易。交换性阳离子有效度，即解吸的难易，关系到土壤的保肥、供肥性能。但是被土壤胶体吸附的交换性阳离子的有效度并不相同，主要受以下几个方面因素影响。

1.交换性阳离子饱和度

交换性阳离子饱和度指该交换性阳离子量占土壤阳离子交换量的百分数。饱和度高，被交换解吸的机会越多，有效度越大。由表 6-4 可知，虽然甲土壤的交换性钙含量低于乙土壤，但甲土壤中交换性钙的饱和度（40%）比乙土壤（20%）大一倍，因此，钙离子在甲土壤中的有效度要大于在乙土壤中的有效度。我国农民群众常说"施肥一大片，不如一条线"，在施肥上采用集中施肥的方法，如根系附近的条施、穴施等，可以增加养分离子在土壤中的饱和度，提高其对植物的有效度，就体现了这个科学道理。

表 6-4 土壤中交换性阳离子饱和度对其有效性的影响

土壤	CEC /[cmol(+)/kg]	交换性钙 /[cmol(+)/kg]	交换性钙饱和度 /%	钙的有效度
甲	10	4	40	大
乙	40	8	20	小

2. 陪补（互补）离子

一般来讲，土壤胶体表面总是同时吸附着多种交换性阳离子。在交换性离子中，对某一指定离子而言，其他同时存在的交换性离子都是它的陪补离子。假定某一土壤同时吸附着 H^+、Ca^{2+}、Mg^{2+}、K^+ 等 4 种离子，对 H^+ 来说，Ca^{2+}、Mg^{2+}、K^+ 是它的陪补离子，而 K^+ 的陪补离子则是 H^+、Ca^{2+}、Mg^{2+}。胶体表面并存的交换性阳离子之间的互相影响就是离子的陪补效应。陪补离子是相对而言的。某一指定离子的有效度，受其陪补离子的影响。一般来说，陪补离子的吸附力越大，即与胶体的亲和力越大，越能提高该指定离子的有效度，这就是陪补离子效应。这实际上是一个竞争吸附的问题。表 6-5 的小麦实验结果说明了陪补效应对离子有效度的影响。3 种土壤上小麦苗的吸钙量顺序是 A＞B＞C，说明这 3 种土壤中交换性钙的有效度的顺序也是 A＞B＞C。3 种土壤中钙有效性差异的主要原因是土壤中钙的陪补离子效应的不同。3 种陪补离子 H^+、Mg^{2+} 和 Na^+ 与胶体的吸附力是依次递减的，因此，它们对提高钙离子有效度的作用是依次减弱的。

表 6-5 互补离子与交换性钙的有效性

土壤	交换性阳离子组成	小麦苗干重 /g	麦苗吸 Ca 量 /mg
A	40% Ca^{2+}+60%H^+	2.80	11.15
B	40% Ca^{2+}+60%Mg^{2+}	2.79	7.83
C	40% Ca^{2+}+60%Na^+	2.34	4.36

3. 黏粒矿物类型

不同类型的黏粒矿物具有不同的晶体构造特点，因而吸附阳离子的牢固程度也不同。这取决于黏土矿物电荷的密度和产生的位置（硅层或铝层）。例如，高岭石表面吸附的阳离子比蒙脱石吸附的有效性高。其原因是高岭石矿物吸附的阳离子通常位于晶格的外表面，吸附力较弱，有效性较高。蒙脱石类矿物吸附的阳离子一般位于晶层之间，吸附力比较牢固，因而有效性较低。

4. 阳离子的非交换性

黏土矿物中硅层六角形网孔的孔径大小为 0.280nm，与硅层六角形网孔大小（孔径）相近的离子，如 K^+ 的直径 0.266nm，NH_4^+ 的直径 0.286nm，易被硅层固定，其有效性较低。

第三节　土壤的阴离子吸附

阴离子在胶体表面所发生的吸附反应不仅影响土壤的理化性质，而且对阴离子态养分的供给和有毒阴离子的活性分别起着调节和控制作用。

一、阴离子的静电吸附和专性吸附

自然界中的大多数土壤胶体带负电荷，但在以下几种情况下可带正电荷。第一，pH 低于两性胶体的电荷零点（ZPC）；第二，黏粒矿物表面上的—OH 从溶液中缔合 H^+ 而使其表面带正电荷；第三，土壤腐殖质中的—NH_2 在酸性环境中吸附 H^+ 成为 NH_3^+ 带上正正电荷。带正电荷的土壤胶体对阴离子（如 Cl^-、NO_3^-、ClO_4^{2-} 等）有明显的静电吸附作用。被吸附的阴离子也可以与其他阴离子进行交换，它同阳子交换作用一样，服从于质量作用定律。但它们的交换作用比阳离子要弱得多。此外，土壤中的阴离子往往和化学固定作用等交织在一起，很难截然分开，所以它不像阳离子交换作用那样具有明显的当量关系。

阴离子的专性吸附又称配位吸附，指阴离子进入黏土矿物或氧化物表面的金属原子壳中，与配位壳中的羟基或水合基重新配位，并直接通过共价键或配位键结合在固体的表面。专性吸附的阴离子主要有 F^-、磷酸根、硫酸根、有机酸根等含氧酸根离子。这些阴离子不仅可以在带正电荷的表面吸附，也可在带负电荷或不带电荷的表面吸附，这种吸附发生在胶体双电层的内层。专性吸附的阴离子是非交换态的，在离子强度和 pH 固定的条件下，不能被静电吸附的离子置换，而只能被专性吸附能力更强的阴离子置换或部分置换。阴离子专性吸附的结果导致表面正电荷减少，负电荷增加，体系的 pH 上升。

土壤中吸附的阴离子，依其被土壤吸附的强弱可分三类：①易被土壤吸附的阴离子，如磷酸根（$H_2PO_4^-$、HPO_4^{2-}、PO_4^{3-}）、硅酸根（$HSiO_3^-$、SiO_3^{2-}）及某些有机酸根等。此类离子常与阳离子起化学反应，产生难溶性化合物，形成专性吸附被固定在土壤中。②吸附作用很弱、很少被吸附或根本不被土壤吸附的离子，如 Cl^-、NO_2^-、NO_3^- 等。

由于它们不能和溶液中的阳离子形成难溶性盐类，而且不易被土壤负电荷胶体吸附，极易随水淋失。③介于上述二者之间阴离子，如SO_4^{2-}、CO_3^{2-}、HCO_3^-、某些有机酸根等。土壤吸收SO_4^{2-}、CO_3^{2-}的能力较弱，只有在土壤中含有大量的Ca^{2+}和比较干旱的条件下，才能形成难溶性的$CaSO_4$和$CaCO_3$。可见，磷酸根离子易被吸附，它还可与溶液中的阳离子结合形成难溶性的化合物，从而导致土壤中磷的有效度降低，土壤对Cl^-、NO_3^-的吸附力最弱。因此，在农业生产中应注意磷酸根的固定和硝酸根的流失问题。

二、土壤阴离子交换量

土壤阴离子交换量（anion exchange capacity，AEC）指土壤胶体所能吸附各种阴离子的总量。其数值以每千克土壤中含有各种阴离子的物质的量来表示，即mol/kg。土壤阴离子交换量同黏土矿物成分及土壤pH有关。土壤中含水氧化铁、铝胶体数量增多，则阴离子交换量加大；高岭石组含量高的土壤，阴离子交换量也较大。我国南方的红壤和黄壤酸性强，土壤矿质胶体以高岭石和含水氧化铁、铝为主，故吸收阴离子量较多，特别是对可溶性磷酸根的吸收，强烈地影响着土壤中磷素的有效性。

【本章主要知识点】

1.掌握土壤胶体的含义、类型和基本构造。

2.了解土壤胶体的表面性质。

3.掌握土壤胶体对阳离子的吸附作用及影响因素。

4.了解土壤胶体对阴离子的吸持。

【思考题】

1.土壤胶体对土壤理化性质有什么影响？

2.为什么南方土壤阳离子交换量通常小于北方土壤？

3.如何理解土壤阳离子交换作用对土壤肥力的重要性？

4.某土壤的交换性阳离子组成为Al^{3+} 5.5cmol(+)/kg，Ca^{2+} 1.0cmol(+)/kg，Mg^{2+} 0.8 cmol(+)/kg，H^+ 0.5cmol(+)/kg，K^+ 0.5cmol(+)/kg，Na^+ 0.2cmol(+)/kg，该土壤的盐基饱和度是多少？

第七章
土壤酸碱性和氧化还原性

土壤液相是稀的溶液，含有各种溶解的无机盐和有机分子，还悬浮着胶体颗粒。在土壤溶液中以及在溶液–胶体界面上进行着复杂多样的化学、物理化学和生物化学的过程。可以说土壤是一个巨大的"化学实验室"，而土壤酸碱度和氧化还原性是两项极为重要的化学性质，对土壤肥力和植物营养有多方面的影响。

第一节　土壤酸碱性

土壤酸碱度不仅对植物的生长有影响，对土壤营养元素的释放也有影响。植物在长期自然选择过程中，形成了各自对土壤酸碱性特定的要求。例如玫瑰喜好微酸性或者中等酸性的土壤；豆科植物如紫云英就喜好中性的土壤，因为酸性的土壤会抑制根瘤菌的生长，根瘤菌与豆科植物的共生体系为豆科植物的生长提供其固定的氮源；又如改变土壤的pH可以将绣球花从蓝色变为粉红色。

土壤酸碱性指土壤中存在着各种化学和生物化学反应而表现出不同的酸性或碱性，实际上是土壤溶液的反应。土壤酸碱性的强弱，常以酸碱度来衡量。土壤之所以有酸碱性，是因为在土壤中存在少量的H^+和OH^-。当土壤溶液中游离的H^+的浓度大于OH^-的浓度时，土壤呈酸性；反之呈碱性；两者相等时则为中性。但是土壤溶液中游离的H^+和OH^-的浓度又和土壤胶体上吸附的各种离子保持着动态平衡关系，所以土壤酸碱性是土壤胶体的固相性质和土壤液相性质的综合表现。研究土壤溶液的酸碱反应，必须与土壤胶体和离子交换吸收作用相联系，才能全面地说明土壤的酸碱情况和其发生变化的规律。

一、土壤酸度

（一）土壤酸的类型

当土壤溶液中游离的 H^+ 的浓度大于 OH^- 的浓度时，土壤呈酸性反应。根据土壤中 H^+ 的存在方式（H^+ 所在部位），可以将土壤酸度分为土壤活性酸和土壤潜性酸两种类型。

1.土壤活性酸

土壤活性酸指土壤固相与土壤溶液处于平衡状态时，土壤溶液中的 H^+ 所表现出来的酸度。活性酸的大小常用pH表示，pH是土壤溶液中的 H^+ 浓度的负对数，即 $pH=-lg[H^+]$。活性酸度决定于土壤溶液中 H^+ 浓度，它是土壤酸碱性的强度指标。《中国土壤》一书中将我国土壤的酸碱度分为以下五级：当pH<5.0时土壤呈强酸性反应，当pH在 5.0～6.5 时土壤呈酸性反应，当pH在 6.5～7.5 时土壤呈中性反应，当pH在 7.5～8.5 时土壤呈碱性反应，当pH＞8.5 时土壤呈强碱性反应。在pH的分级方面，因研究目的不同，各国以至各学者的分级标准均不完全一致。参照上述分级，我国土壤pH大多在 4.5～8.5。在地理分布上，有"东南酸而西北碱"的规律性，即从北向南pH逐渐减小，大致以长江为界，长江以南的土壤多为酸性或强酸性，长江以北的土壤多为中性或碱性。

土壤溶液中 H^+ 来源有：①水的解离。虽然水的解离常数很小，但由于 H^+ 被土壤吸附而使其解离平衡受到破坏，将有新的 H^+ 释放出来。②土壤有机质的矿化和植物、微生物呼吸作用产生的 CO_2，CO_2 溶于水形成碳酸，解离出 H^+。③土壤有机质矿化过程中产生的各种有机酸（如醋酸、草酸、柠檬酸等）都可解离出 H^+。④施入土壤中的一些生理酸性肥料（如硫酸铵、氯化钾、氯化铵等）水解产生 H^+。如施入土壤的硫酸铵离解成 NH_4^+ 和 SO_4^{2-}，作物吸收其中的 NH_4^+ 多于 SO_4^{2-}，残留在土壤中的 SO_4^{2-} 与作物代换吸收释放出来的 H^+ 结合成硫酸而使土壤酸性提高。⑤pH低于5.6的酸性降水，成为土壤 H^+ 的重要来源之一。⑥土壤胶体上吸附 H^+、Al^{3+} 或羟基铝离子 $Al(OH)^{2+}$、$Al(OH)_2^+$，是土壤溶液 H^+ 的主要来源。在酸性较强的土壤胶体上常含有相当数量的交换性 Al^{3+}，这些 Al^{3+} 是次生的，是从黏粒矿物中分解出来的，水解后产生 H^+。因为土壤溶液的酸度提高后，H^+ 就进入土壤复合体，当土壤有机矿质复合体或铝硅酸黏粒矿物表面吸附的 H^+ 超过一定限度时，这些胶粒的晶格结构就会遭到破坏。有些铝氧八面体被解体，Al^{3+} 脱离了八面体晶格的束缚成为活性 Al^{3+}，被吸附在带负电荷的黏粒表面，转变为交换性 Al^{3+}。这些吸附性 Al^{3+} 通过阳离子交换作用进入土壤溶液，而溶液中的铝离子和阴离子所形成的盐类，很多是非中性盐类。它们经过水解作用产生H^+。羟基铝离子可被胶体吸附，其行为如同交换性Al^{3+}一样，在土壤溶液中水解产生H^+。

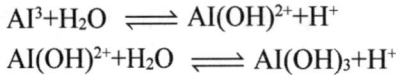

$$Al^{3+} + H_2O \rightleftharpoons Al(OH)^{2+} + H^+$$
$$Al(OH)^{2+} + H_2O \rightleftharpoons Al(OH)_3 + H^+$$

2. 土壤潜性酸

土壤潜性酸指土壤胶体上吸附的H^+和Al^{3+}被盐类溶液中的盐基交换后所表现的酸度。在氢离子（或铝离子）未被交换出来以前，酸性并不会被呈现，故称潜性酸。它是土壤酸的一类，是数量指标。土壤潜性酸要比活性酸多得多，一般相差 3 ～ 4 个数量级。通常用每千克干土中H^+厘摩尔数表示[cmol（H^+）/kg]。土壤潜性酸的大小通常用土壤交换性酸度或水解性酸度表示，两者在测定时所采用的浸提剂不同，因而测得的潜性酸的量也有所不同。

1）交换性酸度：用过量的中性盐（如 1mol/L KCl、NaCl 或 $BaCl_2$）溶液与土壤作用，胶体上吸附的H^+和Al^{3+}大部分被代换出来，进入土壤溶液，再以标准碱液滴定溶液中的H^+，这样测得的酸度称为交换性酸度或代换性酸度。用中性盐溶液浸提而测得的酸量只是土壤潜性酸量的大部分，而不是它的全部。因为用中性盐浸提的交换反应是个可逆的阳离子交换平衡，交换反应容易逆转。交换性酸度也可以用pH来表示，通常用pH_{KCl}表示以 1mol/L KCl 浸提土壤所测得的交换性酸度，而pH_{H_2O}表示土壤活性酸度。一般情况下，由于土壤带负电，所以pH_{KCl}小于pH_{H_2O}。

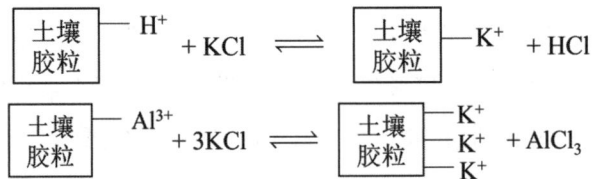

2）水解性酸度：用弱酸强碱盐（通常用 pH8.2 的 1mol/L NaAc）溶液浸提土壤。由于醋酸钠（NaAc）水解，所得的醋酸的解离度很小，而生成的NaOH又与土壤交换性H^+作用，得到解离度很小的水，所以使交换作用进行得比较彻底。土壤吸附的H^+和Al^{3+}绝大部分被浸提出来，这样测得的酸度称为水解性酸度。水解性酸度一般要比交换性酸度大得多（表 7-1），但这两者是同一来源的H^+，本质上是一样的，都是潜性酸，只是交换作用的程度不同而已。

$$H^+ \rightarrow \boxed{\begin{array}{c}土壤\\胶粒\end{array}}\begin{array}{l}-Al^{3+}\\-Al^{3+}\\-Al^{3+}\end{array} +CH_3COONa \overset{H_2O}{\rightleftharpoons} Na^+ \rightarrow \boxed{\begin{array}{c}土壤\\胶粒\end{array}}\begin{array}{l}-Na^+\\-Na^+\\-Na^+\end{array} +Al(OH)_3 +CH_3COOH$$

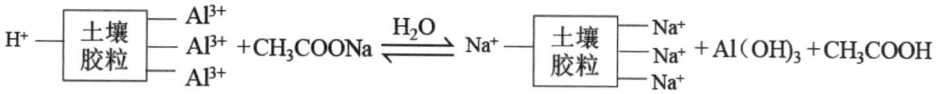

表 7-1　几种土壤中的交换性酸度和水解性酸度

土壤	潜性酸 /[cmol(+)/kg]	
	交换性酸度	水解性酸度
黄壤（广西）	3.62	6.81
黄壤（四川	2.06	2.94
黄棕壤（安徽）	0.20	1.97
黄棕壤（湖北）	0.01	0.44
红壤（广西）	1.48	9.14

土壤潜性酸测定过程中实际上还包含了活性酸，但后者数量很少。活性酸和潜性酸是同一平衡体系的不同表现形式，两者可以相互转化。活性酸被胶体吸附就转化为潜性酸，潜性酸被交换出来即成为活性酸，并在一定条件下处于暂时的平衡态。潜性酸是活性酸的储备。土壤酸化过程始于土壤溶液中活性 H^+，土壤溶液中和土壤胶体上的 H^+ 被吸附的盐基离子交换，然后盐基离子遭雨水淋失，并随之出现交换性铝，形成酸性土壤。酸性土壤常可通过施用石灰人为调节土壤酸度，水解性酸度和交换性酸度是估算施石灰需用量的主要依据。

（二）酸性土壤的成因

酸性土壤是低 pH 土壤的总称。根据《中国土壤》一书，pH 低于 6.5 的土壤呈酸性。土壤为什么会呈酸性呢？主要是由于土壤中存在大量的致酸离子，如 H^+ 和 Al^{3+}。它们的形成取决于气候、母质、生物等因素，同时也受到施肥、灌溉等农业措施的紧密影响。

1. 气候因素

在高温高湿条件下，H^+ 和 Al^{3+} 对土壤胶体的吸附力极强，而强烈的土壤风化作用，大量的盐基淋失，使这些致酸离子得以大量保留，从而形成酸性土壤。我国热带、亚热带地区广泛分布着酸性土壤，就是因为当地高温多雨、湿热同季。在冷湿条件下，针叶林中的枯枝败叶腐解后形成的富啡酸，使土壤进行酸性淋溶，导致盐基流失，增加了土壤中 H^+ 的含量，也可使土壤呈酸性。

2. 生物作用

土壤植物和微生物呼吸产生 CO_2 而形成 H_2CO_3，土壤有机残体分解产生有机酸和 CO_2，土壤中的硫化细菌和硝化细菌产生 H_2SO_4 和 HNO_3，都可引起土壤酸性。

3. 施肥和灌溉的影响

氮肥由于硝化作用而在土壤中产生亚硝酸盐，形成 H^+，导致土壤酸化。在施用肥料的过程中，施用大量酸性肥料会导致土壤出现酸性物质沉积问题，比如氯化钾、硫酸铵等肥料的使用就会增加酸化问题。此外，多雨季节的降水量大且集中，或是大水漫灌的方式造成淋溶作用加剧，导致钙、镁、钾等碱性盐基大量流失，被氢离子取代，会引起土壤pH迅速下降。

二、土壤碱性

当土壤溶液 OH^- 浓度超过 H^+ 浓度时，土壤呈碱性反应，土壤pH越高碱性越强。

（一）土壤碱性形成机理

土壤溶液中 OH^- 主要来自弱酸强碱盐的水解，如碳酸盐或重碳酸盐的碱金属（K^+，Na^+）或碱土金属（Ca^{2+}，Mg^{2+}）的各种盐类水解产生 OH^-，使土壤呈碱性。另外，土壤胶体上吸附的钠水解产生 NaOH，使土壤也呈强碱性反应，是碱化土的重要特征。但由于土壤不断产生 CO_2，NaOH实际上是以 Na_2CO_3 或 $NaHCO_3$ 形态存在。除了 Na^+ 外，K^+、NH_4^+ 等离子，也可发生类似的水解，而使土壤碱化。不过，它们所产生的碱性，不如 Na^+ 强烈。

$$CaCO_3 + H_2O \rightleftharpoons Ca^{2+} + HCO_3^- + OH^-$$

$$Na_2CO_3 + 2H_2O \rightleftharpoons 2Na^+ + H_2CO_3 + 2OH^-$$

$$\boxed{土壤胶体}\ xNa^+ + yH_2O \rightleftharpoons \boxed{土壤胶体}\ (x\text{-}y)Na^+ + yNaOH + yH^+$$

$$2NaOH + H_2CO_3 \rightleftharpoons Na_2CO_3 + H_2O$$

$$NaOH + CO_2 \rightleftharpoons NaHCO_3$$

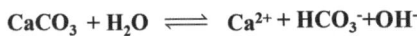

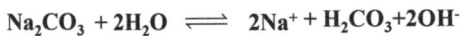

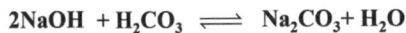

（二）土壤碱性的表示方法

除常用pH表示以外，总碱度和碱化度也是两个反映碱性强弱的指标。

1. 总碱度

总碱度指土壤溶液或灌溉水中碳酸根、重碳酸根的总量，即总碱度=CO_3^{2-}

$+HCO_3^-$。总碱度可以通过中和滴定法测定，单位为 cmol(+)/L，属于液相指标。我国碱化土壤的总碱度占阴离子总量的 50% 以上。总碱度一定程度上反映土壤和水质的碱性程度，故可作为土壤碱化程度分级的指标之一。

土壤碱性是由于土壤中有弱酸强碱的水解性盐类存在，其中主要是碳酸根、重碳酸根的碱金属及碱土金属的盐类。$CaCO_3$ 及 $MgCO_3$ 的溶解度很小，在正常二氧化碳分压下，它们在土壤溶液中的浓度很低，产生的碱度较弱，其 pH 一般低于 8.5，多为 7～8，这种由石灰性物质引起的弱碱性反应称为石灰性反应。具有石灰性反应的土壤称石灰性土壤，可用稀 HCl 检验。

2. 碱化度

土壤胶体上吸附的钠水解产生 NaOH，使土壤呈强碱性。因此，胶体上吸附的钠含量可表示土壤的碱性反应。碱化度（ESP）指土壤胶体吸附的交换性钠离子占阳离子交换量的百分数，也叫土壤钠饱和度。

$$碱化度 = \frac{交换性钠}{阳离子交换量} \times 100\%$$

当土壤碱化度达到一定程度，可溶性盐含量较低时，土壤呈极强的碱性反应，pH 大于 8.5，甚至超过 10。土壤碱化度常被用来作为碱土分类及碱化土壤改良利用的指标和依据。当碱化度为 5%～20% 时称为碱化土壤；而碱化度大于 20%、表层含盐量小于 0.5% 和 pH 大于 9.0 时称为碱土。碱性土壤中交换性钠多，土粒高度分散，湿时泥泞，干时硬结，结构板结，耕性极差。碱化土壤可采用合理灌溉，多施有机肥料，并结合施用石膏和磷石膏等化学改良剂进行改良，以适应农业生产的需要。

（三）碱性土壤的成因

1. 气候因素

在干旱、半干旱地区，由于降雨少，淋溶作用弱，岩石风化产生的盐类不容易淋失，而且底层的盐基又随水分蒸发上升而累积在土壤表层，使盐类在土壤中大量积累。这些盐类水解可产生 OH^-，使土壤反应偏碱性。

2. 母质的影响

母质是碱性物质的来源，如基性和超基性岩盐富含钙、镁、钾、钠等碱性物质。风化体含较多的碱性成分，就可使土壤偏碱性或中性。

3. 其他

过量施用石灰、引灌碱性污水、海水的浸渍等都可能引起土壤偏碱性。

第二节 土壤的缓冲作用

我们知道，如果把少量酸或碱加到水溶液中，溶液的pH会立即变化。但土壤却不是这样，如果把少量酸或碱加到土壤中，会发现土壤pH的变化不大。土壤对酸碱变化的抵抗能力，称为土壤的缓冲性能或缓冲作用。广义上来说，土壤是一个巨大的缓冲体系，具有抗衡外界环境变化的能力，对营养元素、污染物质、氧化还原等同样具有缓冲性。高产肥沃土壤有机质丰富，缓冲性能较强，能为高产作物较好地调控土壤环境条件，抵制各种不利因素的变化。相反，有机质贫乏的砂土，缓冲性很小，自动调节能力低，经不起外界水、热、酸碱反应等各种环境条件的变化。

一、土壤酸碱缓冲作用的机制

（一）土壤胶体的缓冲作用（固相缓冲）

土壤胶体的阳离子交换作用，是土壤产生缓冲性的主要原因。土壤胶体吸附的盐基离子对酸性物质（H^+）起缓冲作用。当土壤溶液中H^+增加时，胶体表面的交换性盐基与溶液中的H^+交换，生成了中性盐，使土壤溶液的H^+的浓度基本上无变化或变化很小。而土壤胶体吸附的致酸离子（H^+和Al^{3+}）对碱性物质（OH^-）起缓冲作用。在土壤溶液中加入MOH，解离产生M^+和OH^-，M^+和胶体上交换性H^+交换，H^+转入溶液中，立即同OH^-生成极难解离的H_2O，溶液的pH基本不变。

$$\boxed{土壤胶粒}\ M + H^+ \rightleftharpoons \boxed{土壤胶粒}\ H + M^+$$

$$\boxed{土壤胶粒}\ H + MOH \rightleftharpoons \boxed{土壤胶粒}\ M + H_2O$$

（二）土壤溶液的缓冲作用（液相缓冲）

土壤溶液中存在弱酸及其盐类，如碳酸、硅酸、磷酸、有机酸等弱酸及其盐类。因为弱酸解离度小，其盐解离度大，故对酸碱形成良好的缓冲作用。下面以碳酸及其钠盐为例说明。向土壤中加入盐酸，碳酸钠与它生成中性盐和碳酸，大大抑制了土壤酸度的提高。当加入$Ca(OH)_2$时，碳酸与它作用生成难溶碳酸钙，也限制了土壤碱度的变化范围。

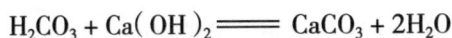

$$Na_2CO_3 + 2HCl = 2NaCl + H_2CO_3$$

$$H_2CO_3 + Ca(OH)_2 = CaCO_3 + 2H_2O$$

土壤中的某些有机酸（如氨基酸、胡敏酸等）是两性物质，具有缓冲作用，如氨基酸既有氨基又有羧基，对酸碱类物质都有缓冲作用。

土壤具有的缓冲性，可使土壤避免因施肥、微生物和根的呼吸、有机质的分解等引起土壤酸碱度的剧烈变化，使作物根系保持在最佳的土壤环境。

二、影响土壤缓冲能力的因素

（一）阳离子交换量

所有影响阳离子交换量（CEC）大小的因素，都会影响土壤缓冲能力。如，土壤无机胶体种类不同，其CEC不同，土壤的缓冲性就不同。从不同土壤质地来看，黏质土及有机质含量高的土壤，其CEC相对较大，其缓冲性强。相反，沙质土及有机质含量低的土壤缓冲性弱。另外，土壤有机质含量虽仅占土壤百分之几，但腐殖质含有大量的负电荷，对CEC贡献大。通常表土的有机质含量较底土高，缓冲性也是表土较底土高。

（二）盐基饱和度

不同的土壤盐基饱和度表现出的对酸碱的缓冲能力是不同的。当土壤阳离子交换量相同时，盐基饱和度越大对酸的缓冲能力越强；相反，盐基饱和度越小、潜在酸度越大的土壤对碱的缓冲能力越强。

第三节　土壤酸碱性对土壤肥力和植物生长的影响

土壤酸碱性是土壤的一项基本性质，对土壤物质的化学变化和微生物的活动有广泛的影响。它控制着土壤胶体的离子交换，对土壤溶液中养分离子的浓度及含量影响很大。

（一）影响土壤微生物的活动

微生物的活动对土壤pH很敏感，所以土壤pH是影响土壤微生物生存与发育的重要因素。土壤中有利于养分转化的细菌和放线菌，如硝化细菌、固氮菌、纤维分解菌等，均能适应中性和微碱性环境，而在pH小于5.5时活性急剧降低。真菌对酸碱性要求不严格。真菌的活动，在强酸性土壤中仍发生有机质的矿化，使植物得到一些氨氮。土壤pH能够通过影响土壤基质的组成、化学性质和利用效率而干扰土壤微生物群落的组成和多样性。

（二）影响土壤养分有效性

土壤酸碱性对土壤矿物质和有机质分解起重要作用，影响土壤养分元素的释放、固定和迁移等，是土壤养分有效性的重要相关因素之一。土壤各种养分的有效度在不同的pH条件下差异很大（图7-1）。当土壤pH在6.5左右时，各种营养元素的有效度都较高。

一般情况下，氮、硫、钾在微酸性、中性、碱性土壤中有效性最大。对于磷，当pH<5时，因土壤中的活性铁、铝增加，常与磷肥中的水溶性磷酸盐形成溶解度很小的磷酸铁、铝盐类，造成磷素的固定。而在pH＞7时，水溶性磷酸盐易与土壤中游离的钙离子作用，产生磷酸钙盐沉淀，磷的有效性大大降低。在pH6～7的土壤中，土壤对磷的固定最弱，磷的有效度最高。钙、镁在酸性土壤中容易淋失，因此，酸性越强的土壤，这些元素淋失越多，因而对植物的供应越加不足。在pH<6时，钙和镁的有效性随pH升高而增大。铁、锰、铜、锌等微量元素有效度，在酸性和强酸性土壤中高。在pH＞7的土壤中，活性铁、锰、铜、锌离子明显下降，并常常出现铁、锰离子的供应不足。如石灰性土壤，在pH在7.5的条件下，会使土壤中铁离子形成氢氧化铁沉淀，从而导致作物因铁的有效性降低而出现缺铁。而铁盐的溶解度随酸度增加（pH在5～7.5）又会提高。例如在强酸性（pH为5）土壤中，游离铁的数量很高而可能危害作物。在强酸性土壤中，钼的有效度低，pH＞6时，其有效度增加。硼的有效度与pH关系较复杂，在强酸性土壤和pH在7.0～8.5的石灰性土壤中有效度均较低，在pH6.0～7.0和pH＞8.5的碱性土壤中有效度较高。

（三）影响植物生长

植物对土壤酸碱度的要求，是在长期自然选择过程中形成的遗传性。一般pH在6.5左右，各种养分有效性较高，大多数作物比较适宜。少数农作物较耐酸或耐碱，如茶树在土壤pH5.2～5.6时生长最好，在pH4.5～6.5范围均可种植；盐蒿、碱蓬等适宜在碱土上生长。一般植物对土壤酸碱性的适应范围较广，表7-2是一些主要植物的适宜pH范围。只能在某一特定酸碱范围内生长的植物可以对土壤酸碱度起指示作用，习惯上被称为指示植物。如茶树、映山红等可以作为酸性土壤的指示植物。

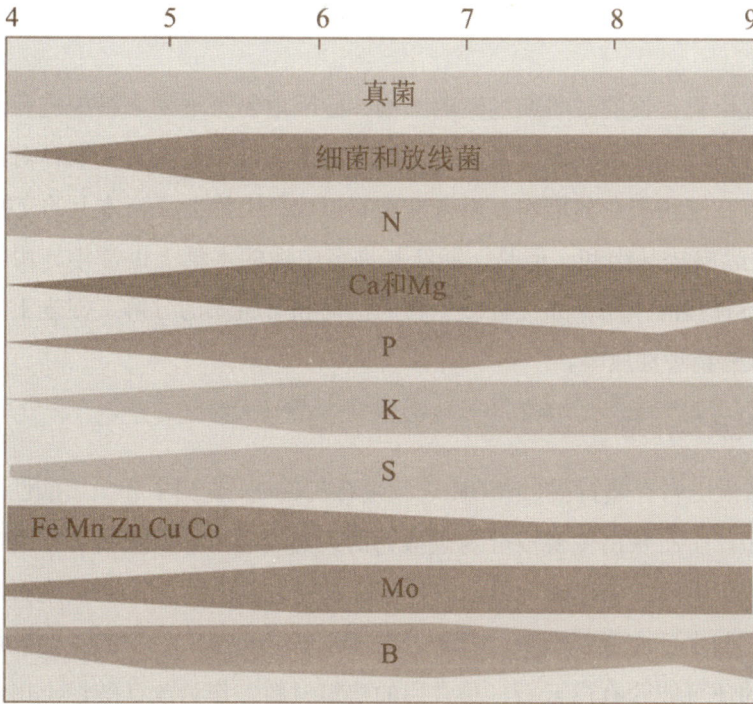

图 7-1 土壤 pH 与养分有效度及微生物活性的关系

彩图

表 7-2 主要植物适宜的 pH 范围

pH 7~8	pH 6.5~7.5	pH 6~7	pH 5.5~6.5	pH 5~6
紫苜蓿	苹果	蚕豆	水稻	小麦
金花菜	黄花苜蓿	豌豆	油菜	大麦
甜菜	大麦	甜菜	花生	燕麦
豆类	小麦	甘蔗	紫云英	甜菜
花菜	玉米	玉米	柑橘	葡萄
大麦	甘蓝	水稻	芝麻	菠菜
莴苣	棉花	苹果	黑麦	橘子
芦笋	豌豆		小米	梨

第四节　土壤酸性的调节

对于不适宜作物生长的过酸或过碱的土壤，应因地制宜地采取措施进行调节和改良，使其适合高产作物生长发育的需要。红黄壤等酸性土的改良，要针对其盐基饱和度低的缺点，施用石灰质肥料。石灰质肥料以 Ca^{2+} 代替土壤胶体上的交换性 H^+ 和 Al^{3+}，使土壤趋向盐基饱和。但是，浙江省许多中性的水稻土也常年施用大量石灰，可见石灰还有其他作用，如促进微生物的活动和有机质的分解，促进土壤团粒结构的形成，改善物理性质等。

一、石灰质肥料及其作用

常用的石灰质肥料有熟石灰 $Ca(OH)_2$、生石灰 CaO。它们中和土壤酸性的能力很强，但后效短。生石灰由主要成分为碳酸钙的天然岩石（如石灰石）在适当温度下煅烧、排除分解出的二氧化碳后得到，其主要成分为氧化钙（CaO）。生石灰在堆积过程中吸湿，与水反应成熟石灰。石灰岩在浙江省分布很广，它的主要矿物成分是方解石，有的还可能含有白云石，是常用的建筑材料，作为改良酸性土用也很普遍。为了节省燃料，可以不必将石灰岩煅烧成石灰，而把石灰石磨细，直接作为改土材料。它中和土壤酸性的作用较为缓慢，用量应比石灰大些，但其后效较长。沿海地区可以用蚌壳灰、草木灰作改土材料。它们既是良好的钾肥，也可起中和酸性土壤的作用。

土壤空气中的 CO_2 分压往往比大气中的大几十倍甚至几百倍，因此土壤空气中的 CO_2 易与 H_2O 生成碳酸。当石灰质肥料施入土壤后，其 $Ca(OH)_2$ 或 $CaCO_3$ 与碳酸起反应生成重碳酸钙 $Ca(HCO_3)_2$ 而溶解。同时，酸性土壤胶体上的 H^+ 或 Al^{3+} 可被 Ca^{2+} 代替，增加了土壤中的钙，有利于改善土壤结构，并减少磷被活性铁、铝离子固定。

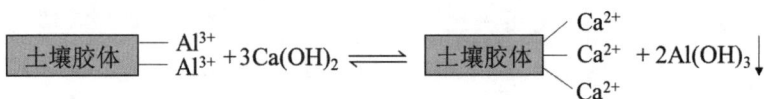

$$CO_2 + H_2O \rightleftharpoons H_2CO_3$$

$$Ca(OH)_2 + 2H_2CO_3 \rightleftharpoons Ca(HCO_3)_2 + 2H_2O$$

$$CaCO_3 + H_2CO_3 \rightleftharpoons Ca(HCO_3)_2$$

$$\boxed{土壤胶体} {\small\begin{matrix}—H^+\\—H^+\end{matrix}} + Ca(OH)_2 \rightleftharpoons \boxed{土壤胶体} —Ca^{2+} + 2H_2O$$

$$\boxed{土壤胶体} {\small\begin{matrix}—Al^{3+}\\—Al^{3+}\end{matrix}} + 3Ca(OH)_2 \rightleftharpoons \boxed{土壤胶体} {\small\begin{matrix}—Ca^{2+}\\—Ca^{2+}\\—Ca^{2+}\end{matrix}} + 2Al(OH)_3\downarrow$$

但要注意的是，过量施用石灰也会产生一些不良作用，如土壤板结、结构变劣；部分微量元素（铁、锰、铜、锌）有效性降低；由于形成磷酸钙，磷的有效性也会下降，植物吸磷力减弱，磷的代谢受限制。因此石灰的用量要适量。

二、石灰需要量

通常酸性土壤石灰需要量可按照潜性酸来估算，把需要的石灰量分批施下。因此，可以根据中和交换性酸度或水解性酸度来大致估算，也可依CEC和盐基饱和度（BS）进行估算。依据CEC和BS计算式为：石灰需要量 = 土壤体积 × 容重 × CEC × （1 –BS），单位：kg/ha。这个公式得到的石灰需要量是理论数字，应该按照当地农民的实际经验加以校正。石灰需用量一般是用理论值乘以经验常数得出实际需用量，经验常数又称为石灰常数。石灰石粉的石灰常数一般是1.3，而生石灰的石灰常数一般是0.5。

例如：某红壤的pH为5，耕层土壤重为2250000 kg/ha，土壤含水量为20%，CEC为10cmol(+)/kg，盐基饱和度为60%，试估算达到pH=7时，每公顷土壤中和活性酸和潜性酸的石灰需要量（理论值）。

1.中和活性酸

pH=5 时，每升土壤溶液所含H$^+$为10^{-5} mol，每公顷耕层土壤水分所含的H$^+$：$2250000 \times 20\% \times 10^{-5}$=4.5mol/ha^2；pH=7 时，每升土壤溶液所含H$^+$为10^{-7} mol，每公顷土壤水分所含的H$^+$：$2250000 \times 20\% \times 10^{-7}$=0.045mol/ha^2；所以需要中和活性酸的量为：4.5–0.045=4.455mol/ha^2，若以CaO中和，其需要量为：$4.455 \times 56/2$=124.74g/ha^2。

2.中和潜性酸

每公顷土壤所含的潜性酸量：$2250000 \times 10/100 \times$ （1–60%）=90000mol H$^+$，所需CaO：$90000 \times 56/2$=2520kg/ha^2。

从上面的例题可以看出，中和活性酸所需的石灰量极少，而中和潜性酸所需的石灰很多。一般土壤缓冲能力越大，改变单位pH所需的石灰用量越多。实际用量一般低于计算得出的理论值，在生产实践中一般多根据田间试验的实际效果来确定石灰需用量。试验表明，在pH4.5 左右的红壤土，每亩施 70kg，大多数作物都有不同程度的增产。在施用时还要注意石灰的细度，不要太细或太粗，施用时要与土壤充分搅匀，并注意施用时期。对于淋溶作用强的土壤，需每隔 3～4 年施 1 次。

第五节　土壤碱性的调节

调节土壤碱性的方法主要有以下几种。

（1）施用有机肥料：利用有机肥分解释放出的大量 CO_2、有机酸降低土壤 pH。

（2）施用硫及含硫化合物：利用它们在土壤中氧化或水解产生硫酸。硫酸再中和碳酸钠或胶体上钠离子形成的碱性。

（3）施用酸性肥料：例如施用硫酸铵，因为作物吸收其中的 NH_4^+ 多于 SO_4^{2-}，残留在土壤中的 SO_4^{2-} 与作物代换吸收释放出来的 H^+（或离解出来的 H^+）结合成硫酸，使土壤酸性提高，从而缓解土壤碱性。

（4）施用石膏、硅酸钙：以钙将土壤胶体上的钠代换下来，并随水排出，从而降低土壤的 pH，改善土壤的理化性状。石膏需要量可根据钠碱化度（ESP）计算，即所用化合物（石膏、氯化钙等）的剂量必须相当于要排走的交换性钠的量。

第六节　土壤氧化还原性

土壤氧化还原反应始终存在于岩石风化和母质发育为土壤的形成过程中，给物质在土壤剖面中的移动和剖面分异、养分的生物有效性、污染物质的缓冲性和植物生长发育等带来了深刻的影响。氧化还原状况是衡量稻田土壤肥力的极为重要的指标之一。

一、土壤氧化还原体系

氧化与还原的实质是电子转移的过程，某一物质的氧化，必然伴随着另一物质的还原，最容易发生氧化还原反应的是"变价"元素。土壤中氧化剂和还原剂构成了土壤氧化还原体系。土壤中产生氧化还原反应的物质很多，有着多种氧化还原体系，可分为无机体系和有机体系两大类（表7-3）。重要的无机体系有氧体系、氮体系、铁体系、锰体系、硫体系和氢体系等。有机体系包括不同分解程度的有机化合物、微生物的细胞体及其代谢产物，如有机酸、酚、醛类和糖类等化合物。这些体系的反应有可逆、半可逆和不可逆之分。例如，有机体系多是半可逆的或不可逆的。土壤中主要氧化剂是 O_2，它与土壤中其他化合物起作用，得到两个电子还原为 O^{2-}。土壤生物化学过程的方向和强度，在很大程度上取决于土壤空气和溶液中氧的含量。当土壤 O_2 被消耗后，其他氧化态物质 NO_3^-、Mn^{4+}、Fe^{3+}、SO_4^{2-} 依次作为电子受体被还原。土壤中的还原物质主要是有机质，特别是新鲜有机质，它们在适宜的温度、水分和pH条件下还原能力极强。

土壤氧化还原反应虽有纯化学反应，但很多是在微生物参与下完成的。如NH_4^+氧化成NO_3^-，必须在硝化细菌参与下才能完成。如土壤中Fe^{2+}的氧化大多是纯化学反应，但也有由铁细菌作用引起的。因此，土壤有多种多样的氧化还原体系存在，并且有微生物参与，因而较纯溶液更为复杂。

表7-3　常见的土壤氧化还原体系

体系	氧化态	还原态
氧体系	O_2	O^{2-}
氮体系	NO_3^-	NH_4^+
锰体系	Mn^{4+}	Mn^{2+}
铁体系	Fe^{3+}	Fe^{2+}
硫体系	SO_4^{2-}	S^{2-}
有机碳体系	CO_2	CH_4
氢体系	$2H^+$	H_2

二、土壤氧化还原电位（E_h）

土壤是一个氧化态物质和还原态物质并存的体系。在土壤溶液中，氧化反应和还原反应是同时进行的，是一个反应的两个方面。土壤溶液中氧化态物质和还原态物质的相对比例，决定了土壤的氧化还原状况。随着土壤中氧化还原反应的不断进行，氧化态物质和还原态物质的浓度也随时间调整变化，进而使溶液电位也相应改变。这种由于土壤溶液中氧化态物质和还原态物质的浓度关系而产生的电位称为氧化还原电位，以E_h表示之，单位为毫伏（mV）。氧化还原反应的通式：氧化态 + ne^- =还原态

$$E_h = E_0 + \frac{59}{n} \lg \frac{[氧化态]}{[还原态]}$$

式中：E_0为标准氧化还原电位，指在体系中氧化态物质浓度和还原态物质浓度相等时的电位，各体系的E_0值，可在化学手册中查到；n为氧化还原反应中的电子转移数目。从上式可以看出，对于一个给定的氧化还原体系，如果知道该体系中的氧化态物质和还原态物质的浓度，即可以计算它的E_h值。由于E_0和n是常数，所以给定体系中氧化还原电位主要由氧化态物质浓度和还原态物质浓度的比例决定。两者

比值越大，氧化态物质的相对浓度越高，则E_h越大，说明氧化反应越强烈。实际上，土壤E_h值在氧化条件下主要决定于氧体系，在还原条件下则主要由有机体系决定。土壤通气性的好坏影响土壤空气中氧的浓度，在通气良好的土壤中，土壤空气与大气中的气体交换迅速，致使土壤溶液中氧浓度较高，土壤E_h值较高；而在排水不良的土壤中通气孔隙少，大气与土壤空气交换缓慢，土壤溶液中氧的浓度低，再加上微生物活动消耗氧，土壤E_h值下降。所以，对于同一种土壤，E_h值可作为通气状况的相对指标。

三、氧化还原状况与土壤肥力的关系

（一）E_h指示土壤通气和排水情况

我国在自然条件下，一般认为E_h低于300mV时为还原状态，淹灌水田的E_h值可降至负值。土壤E_h在200～700mV时，养分供应正常。在通气良好的土壤中，土壤与大气间气体交换迅速，使得土壤中氧浓度较高，E_h值较高。排水良好土壤的E_h值一般在400～700mV，此时多数旱地作物可以正常发育。渍水土壤E_h值变动较大，可在-300～400mV变动。其中，轻度还原的土壤E_h值在400～200mV，此时，旱地作物生长受影响，水稻生长正常。当土壤E_h值降低至200mV以下时，土壤水分过多，通气不良，开始产生剧烈的还原反应。如果土壤E_h经常处在180mV以下或低于100mV，就使土壤中Fe^{2+}、Mn^{2+}的浓度升高，导致水稻Fe、Mn中毒，水稻分蘖就会停止，发育受阻。若土壤E_h值低于-100mV，土壤处于强还原状态，硫化物与亚铁生成硫化铁沉淀，使水稻产生黑根，甚至死亡。一般来说，水稻适宜在E_h值200～400mV的条件下生长。

（二）E_h影响土壤养分形态和供应情况

在不同的E_h条件下，土壤中变价化合物的形态随之变化，因而影响其对植物的有效性。通常把300mV作为土壤氧化还原状况的分界线。E_h大于300mV时，土壤呈氧化状态，有机质分解快；E_h大于750mV时，易造成养分的损失，而铁、锰以难溶性的高价化合物（Fe^{3+}、Mn^{4+}）存在，不易被植物吸收；E_h低于300mV时，土壤呈还原状态，在还原条件下，高价铁、锰被还原成溶解度较高的低价化合物（Fe^{2+}、Mn^{2+}），对植物的有效性增加。研究表明，当$E_h > 480$mV时，土壤中的速效氮以硝酸氮为主，适于旱作作物的吸收；当$E_h < 220$mV时，则以铵态氮为主，适合水稻作物吸收。在土壤还原状态下，土壤磷的有效性提高，因为含水氧化铁被还原为氧化亚铁，减少了对磷的固定，并使被氧化铁胶膜包围的磷酸盐释放出来，磷酸铁还原为磷酸

亚铁。此外，酸性土壤淹水后pH升高而使磷酸盐水解，均使磷的有效性提高。一般来说，水稻土的还原条件不宜过分强烈，适宜在E_h为$200\sim400mV$的条件下生长。通常可通过排灌和施用有机肥等来实现。

（三）强还原状况下土壤中有毒物质的产生和积累

当E_h值降为负值后，稻田土壤中的还原性物质H_2S、CH_4、H_2和有机酸积累过多，对水稻的含铁氧化还原酶的活动有抑制作用，影响其呼吸而减弱根系吸收养分的能力。H_2S和丁酸的积累而使各种养分吸收受抑制的程度，大体如下：

$$H_2PO_4^-、K^+ > Si^{4+} > NH_4^+ > Na^+ > Mg^{2+}、Ca^{2+}$$

在H_2S浓度高时，抑制植物根对磷、钾的吸收，甚至发生磷、钾从根渗出的现象。另外，在强还原条件下，一些水稻田秧苗会因Fe^{2+}、Mn^{2+}浓度过高而中毒受害。

（四）E_h影响土壤微生物群落结构

微生物活动需要氧，这些氧可能是游离态的气体氧，也可能是化合物中的化合价态氧。土壤的E_h值不同，意味着它的氧化还原条件和氧气供应水平不同，因而会影响微生物群落的种类和数量。例如，当土壤E_h值开始下降，O_2消耗殆尽时，硝化细菌的个体逐渐减少，而进行反硝化作用的厌氧细菌显著增加。对于好气微生物来说，E_h值愈大，微生物活动愈强；反之，则微生物活性小。所以在土壤通气性基本一致条件下，可用土壤E_h值反映土壤微生物的活性。

【本章主要知识点】

1. 了解土壤酸碱性的成因。

2. 掌握土壤活性酸、潜性酸的概念与关系。

3. 了解土壤酸碱性对植物生长和土壤养分的影响及其调节方法。

4. 掌握土壤氧化还原性的衡量指标。

【思考题】

1. 为什么通常$pH_水 > pH_盐$？

2. 实验中测得的水解性酸度为什么可以代表土壤总酸度？

3. 如何改良酸碱性不良土壤？

第八章

土壤的分类与分布

前面各章论述了土壤的物质组成以及它们的矿物学、物理化学及生物学性质，这些是作为土壤的一般属性即共性来讨论的。由于成土因素特别是生物–气候因素存在差异，上述各项土壤属性也将产生差异，反映在肥力特征、形态特征以及土壤类型发生分化等方面。这一章要讨论各成土因素与土壤类型分化的关系、土壤分类学的基本知识，以及土壤的地理分布规律。

第一节　各成土因素的基本作用

土壤是地理景观的一面镜子，是一个独立的历史自然体。土壤是在母质、气候、生物、地形和年龄的综合作用下形成的，这五大成土因素始终同时、不可分割地影响着土壤的发生和发展，同等重要且不可相互代替地参加了土壤的形成过程，制约着土壤的形成和演化。土壤分布由于受成土因素地理分布规律的影响而具有地理规律性。

一、气候因素

气候支配着成土过程的水热条件。水分和热量（或温度和降雨）对土壤的形成及其发展有着多方面的影响。它们不仅直接参与母质的风化过程和物质的淋溶过程，更重要的是，它们在很大程度上控制着植物和微生物的生长，影响土壤有机质的积累和分解，决定营养物质的生物学循环的速度和范围。如母岩和土壤中矿物质的风化过程直接受温度的影响。一般情况下，温度每增加10℃，化学反应速度就增大一倍。不同热量和不同降雨量的地带，天然植被不相同，其土壤类别也不相同。另外，气候条件也影响土壤形成发育的速率。所以气候因素在土壤形成中的作用十分突出。

二、生物因素

　　土壤形成的生物因素包括植物、土壤动物和土壤微生物的作用。生物因素是影响土壤发生发展的最活跃因素。植物特别是高等植物利用光合作用合成有机质，把太阳能转化为化学能，再以有机残体的形式，积聚在母质表层。然后，经过微生物的分解、合成或进一步转化等作用，使母质表层的营养物质和能量逐渐丰富起来，改造了母质，推动了土壤的发展。同时，微生物一方面分解有机质，释放其中所含有的各种养料，为植物吸收利用；另一方面合成腐殖质，发展土壤胶体性能。固氮微生物能够固定大气中的游离氮素，化能合成细菌能够分解释放矿物中的矿质营养元素，从而增加土壤含氮量和矿质养分的有效率。土壤中动物区系种类众多，数量大，其残体作为土壤有机质的来源，参与土壤腐殖质的形成和养分的转化。土壤动物种类和数量在一定程度上是土壤类型和土壤性质的标志，并可作为土壤肥力的指标。

三、母质因素

　　母质是形成土壤的物质基础，是土壤的"骨架"，是植物矿质养分的最初来源，土壤和母质之间存在着"血缘"关系。母质决定土壤质地和结构，影响土壤的物理性状和化学组成。例如，玄武岩发育的土壤含角闪石、辉石等抗风化力弱的深色矿物较多，其形成土壤黏粒和氧化铁含量较高；粗晶花岗岩由石英、长石和云母组成，在成土过程中，长石和云母易风化成为黏粒，而石英抗风化强，残留在土壤中成为砂粒的主要成分，因此粗晶花岗岩形成的土壤质地常呈现砂黏质特点。一般来说，成土时间越久，母质与土壤性质差别也越大。此外，母质层次的不均一性对土壤形成、土壤性状和肥力状况的影响较均质母质更为复杂性。它使土体的机械组成和化学组成不均一，更重要的是，造成水分在土体中的运行状况的不均一，从而使土体中物质迁移不均一。母质的层次性可长期保留在土壤剖面中。

四、地形因素

　　在成土过程中，地形是影响土壤和环境之间进行物质、能量交换的一个重要条件。它和母质、气候、生物等因素不同，在成土过程中，不提供任何新的物质，和土壤之间并未进行着物质和能量的交换。其主要作用表现为，一方面地形使物质在地表进行再分配，不同的地形部位可能有不同类型的母质。如山地上部其母质主要是残积母质；坡地的母质多为坡积物；山前平原的冲积扇地区，成土母质多为洪积物。另一方面地形使土壤及母质在接受水热条件方面发生差异。这两方面的原因，使土壤形成类型及速率均有差异。

五、时间因素

各成土因素的综合作用，因时间的增长而加强。因此，土壤也随着时间的进展而不断地变化发展着，这是时间因素最简要的含义。土壤绝对年龄指从该土壤在当地新鲜风化层或新母质上开始发育起至今所经历的时间，通常用年来表示。具有不同年龄、不同发生历史的土壤，在其他因素相同的条件下，也可形成不同类型的土壤。土壤年龄除了绝对年龄外，还有相对年龄。相对年龄指土壤发育阶段或土壤的发育程度，无具体年份，一般用土壤剖面分异程度加以确定。在一定区域内，土壤的发生土层分异越明显，剖面发育度就越高，相对年龄就大，反之相对年龄就小。通常所谓的土壤年龄指相对年龄。

土壤是在五大成土因素综合作用下形成和发育的，各成土因素相互作用、相互影响。另外，随着农业生产的发展和科学技术的进步，人为因素对土壤形成的干预日益深刻和广泛。如施肥、施石灰、耕作、平整地面、挖沟排水等农业措施，可直接影响土壤发育以及土壤的物质组成和形态变化，人为因素在农业土壤的发展变化上已成为一个具有特殊重大作用的因素。

第二节　我国土壤地理背景

土壤是地理景观的组成部分，是地理景观的一面镜子。它清晰地反映着地球表面的气候、植被、地形、母质和时间等因素相互作用的特点。因此，有必要简要地描述我国土壤自然地理的轮廓。

一、气候带

我国南北跨纬度广，各地接受太阳辐射热量的多少不等。根据各地≥10℃积温的多少不同，中国自北而南有寒温带、中温带、暖温带、亚热带、热带等温度带，以及特殊的青藏高寒区。由东南到西北，横跨经度 60 余度，全程 6000 多公里，越经四个干湿区，即：① 800mm 年等降水量线，大致经青藏高原东南边缘，然后折向东，沿秦岭–淮河一线，此线以东、以南地区年降水量大于 800mm，为温润区，是我国主要的水田作业区，农业以水稻生产为主。沿秦岭–淮河一线以北为半湿润区，以旱作农业为主。② 400mm年等降水量线，此线大致沿大兴安岭-长城一线到兰州，向西南，经青藏高原到冈底斯山一线。此线是我国半湿润区和半干旱区的大致分界线，也是我国农耕区与畜牧业区的分界线。③ 200mm年等降水量线，大致经内蒙古中部-贺兰山-祁连山经青藏高原一线。此线大致是我国半干旱区和干旱区的分界线。④年降水量200mm以下的地区，除有灌溉水源的绿洲以外，多为荒漠地区。因此，我国的水热状况是等值线呈东北-西南向的偏转，而不与纬度相平行。我国气候带的这一配置特征，也明显地反映在土壤分布的地理规律上。

二、地形、地势

我国地势西高东低，大致呈阶梯状分布。地势的第一级阶梯是青藏高原，平均海拔超过4000m，其北部与东部边缘以昆仑山脉、祁连山脉、横断山脉与地势第二级阶梯分界。地势的第二级阶梯平均海拔在1000～2000m，其间分布着大型的盆地和高原，东面以大兴安岭、太行山脉、巫山、雪峰山与地势第三级阶梯分界。地势的第三级阶梯上分布着广阔的平原，间有丘陵和低山，海拔多在1000m以下。这一系列不同高程和走向的山系，对我国大地水热的再分配，起到了明显的作用，构成了我国生物-气候带在水平方向和垂直方向的明显分异，影响土壤类型的分化和分布，使之具有特定的地理规律性。因此，我国土壤分布，不仅具有同纬度或经度相平行的水平地带性特征，而且在不同地理带还具有因高程不同而渐变的土壤垂直带特征。

三、自然植被

植被是覆盖地表的植物群落的总称。自然植被指未受到人为的影响，而依然在自然状态下发育的植被。如在河边、湖岸、海岸等残存着较多自然植被。我国的自然植被可概括为森林、灌丛、草原、草甸、沼泽、荒漠和荒漠草原等。它们对于土壤类型的发育有深刻而重要的影响。如草原的植物大多是适应半干旱气候条件的草本植物，其生长期短，死亡的草本残体在好气条件进行较强的矿化，土壤有机质积累量远不及湿润地区。但草原土壤易形成较深厚的有机质层，因为草本的根系发达，扎根也深，根系又是每年死亡更新的。由于气候偏旱，有机物矿化较强，故草原土壤是盐基饱和的，呈中性反应，为肥沃土壤类型。又如，荒漠的生态条件极为严酷，夏季炎热干燥，荒漠及荒漠草原植被稀疏，植物种类贫乏，这里生长的植物十分耐旱。植物有机体枯死后即被彻底矿化，故有机质含量少，土壤贫瘠，而盐基过剩，有$CaCO_3$及$CaSO_4$积聚层，土壤肥力低。

四、土壤母质－风化壳类型

陆地表面的疏松堆积物统称地表沉积体。它们是岩石风化迁移堆积形成的，是土壤形成的物质基础。根据不同气候带化学元素的迁移以及风化壳的岩相特征和成分特征，可将风化壳分为五种类型，即碎屑风化壳、含盐风化壳、碳酸盐风化壳、黏土质风化壳和富铁铝风化壳。

（一）碎屑风化壳

该类型处于风化起始阶段，主要形成于气候严寒、寒冻风化作用强烈的条件下，风化壳很薄。岩石的化学和生物地球化学风化作用弱。碎屑风化壳（石质风化壳）残积物中的主要成分是岩石碎屑。细土常填充于石缝内，风化壳中尚残留易风化的角闪石和辉石，黏土矿物以水化度低的水云母为主，一般呈中性反应。这种风化壳，由上而下颗粒成分的变化很小，但在水平方向上的变化却可以很大。岩石矿物以物理崩解为主，化学风化作用很弱，残积物中黏土物质很少。

（二）含盐风化壳

该类型形成于干旱、半干旱的条件下，盐分在风化壳中积累。在滨海地区，因海水浸淹亦可形成盐渍风化壳。这种风化壳最重要的特征是含有最容易移动的元素和化合物，如钙、硫、钠的氯化物和硫酸盐，呈碱性反应。因为干旱、半干旱地区的降雨量小，而且多是暴雨。降暴雨时，地表水形成暂时性径流流向低地，可对地表进行强烈的冲刷和侵蚀。在漫长的干旱季节，风化壳处于干燥状态，地下水向上蒸发。因为地下水含有各种可溶性盐类，当水从土壤表面蒸发后，在地表形成各种盐土。

（三）碳酸盐风化壳

碳酸盐风化壳是由含碳酸盐（主要是碳酸钙）的残积物组成的。在暖温带和温带干旱、半干旱条件下，气候的季节性变化明显，在比较潮湿的季节里，随着大部分易溶盐类的淋溶，不易溶解的碳酸盐开始移动，在风化壳下部可富集很多碳酸盐。碳酸盐中主要是 $CaCO_3$。$CaCO_3$ 积聚的程度取决于生物气候条件和岩石中 Ca 的含量。标志元素是 Ca、Mg，标志化合物主要是 Ca、Mg 的碳酸盐。黏土矿物以水云母－蛭石为主，呈碱性反应。

（四）黏土风化壳

该类型形成于暖温带、温带和寒温带半湿润条件下。其易溶盐类淋失殆尽，碳酸盐也基本淋失。地表水在风化壳循环中，使钙、镁、钾、钠淋溶出整个风化壳，风化壳中Ca、Mg、K、Na的氧化物含量减少。因此，风化壳中堆积大量黏土矿物，主要有水云母、高岭石、蒙脱石、拜来石和其他属于硅铝矾土的矿物。

（五）富铁铝风化壳

该类型形成于湿润的热带、亚热带，风化作用强烈，残积物遭受到强烈的溶解和淋溶作用，可溶性化合物大量流失，残留下来的主要是胶体状态的物质，如二氧化硅、氢氧化铁的凝胶。因为强烈的氧化作用，高价铁离子使风化壳呈浅红色。标志元素是H、Al、Si、Mn、Fe，标志化合物为Al_2O_3、Fe_2O_3、SiO_2的水化物。风化壳的硅铝率在2以下，黏土矿物以高岭石和三水铝矿为主，呈酸性反应。

上述各风化壳同气候带的分布相一致，所有不同的风化壳对于土壤类型的发生，均有深刻的影响。

第三节　中国的土壤分类制

由于五大成土因素及人为因素的作用，我国陆地表面的土壤类型繁多，其形态千差万别。土壤分类就是为了科学地认识土壤，系统地区分土壤，从而合理地利用土壤。所谓土壤分类指根据土壤性质和特征对土壤进行分门别类，也就是建立一个符合逻辑的多级系统，每一个级别中可包括一定数量的土壤类型，从中容易查寻各种土壤类型，将有共性的土壤划分为同一类。至今，国内外关于土壤分类原则和系统的意见不一，还没有一个公认的土壤分类原则和系统，依然是多种分类系统并存。在国际上，影响最大的分类系统是美国的土壤系统分类。

中国近代土壤分类研究始于20世纪30年代，当时采用的是美国马伯特土壤分类，建立了2000多个土系。20世纪50年代初期开始，采用苏联的地理发生学土壤分类。1958年至1960年全国第一次土壤普查时，提出了第一个农业土壤分类系统。1978年中国土壤学会提出了《全国土壤分类暂行草案》。1992年形成了《中国土壤分类系统》，这一分类系统以成土条件、成土过程和土壤属性的三者统一来划分土壤，属于地理发生学土壤分类（非定量化的），采用土纲、亚纲、土类、亚类、土属、土种、变种七级分类制。其中土类和土种为基本分类单元。我国土壤分类不断完善，在现行《中国土壤分类与代码》（GB/T17296—2009）中，中国土壤分类为12个土纲、30个亚纲、60个土类和229个亚类、638个土属和3245个土种。这一分类系统的逐步改进和制订，代表了全国土壤普查的科学水平。

在美国土壤系统分类的影响下，我国从 1984 年开始进行了中国土壤系统分类的研究。通过研究和不断修改补充，提出了《中国土壤系统分类检索》（2001）。中国土壤系统分类也是以诊断层和诊断特性为基础的系统化、定量化的土壤分类。该系统分类中共设立了 11 个诊断表层、20 个诊断表下层、2 个其他诊断层和 25 个诊断特性，采用土纲、亚纲、土类、亚类、土族和土系六级分类制。其中前四级为高级分类单元，主要供中小比例尺土壤调查制图确定制图单元用；后二级是低级分类单元，主要供大比例尺土壤调查制图单元用。

目前，在国内《中国土壤分类系统》和《中国土壤系统分类检索》并存。随着生产实践和科学研究工作的日益深化，人们对于客观世界的认识及其规律的掌握渐趋完善，土壤分类也在不断地更新。以下以中国土壤分类系统为例进行介绍。

一、土壤分类单元

中国土壤分类系统从上至下共设土纲、亚纲、土类、亚类、土属、土种和亚种等七级分类单元。其中土纲、亚纲、土类、亚类属高级分类单元，土属为中级分类单元，土种为基层分类的基本单元，以土类、土种最为重要。1992 年经有关专家、教授经过反复讨论，最后确立了 12 个土纲，28 个亚纲，61 个土类和 200 多个亚类的中国土壤分类系统（表 8-1）。

表 8-1　中国土壤分类系统（中国土壤，1998）

土纲	亚纲	土类	亚类
铁铝土	湿热铁铝土	砖红壤	砖红壤
			黄色砖红壤
		赤红壤	赤红壤
			黄色赤红壤
			赤红壤性土

土纲	亚纲	土类	亚类
铁铝土	湿暖铁铝土	红壤	红壤
			黄红壤
			棕红壤
			山原红壤
			红壤性土
		黄壤	黄壤
			漂洗黄壤
			表潜黄壤
			黄壤性土
淋溶土	湿暖淋溶土	黄棕壤	黄棕壤
			暗黄棕壤
			黄棕壤性土
		黄褐土	黄褐土
			黏盘黄褐土
			白浆化黄褐土
			黄褐土性土
	湿暖温淋溶土	棕壤	棕壤
			白浆化棕壤
			潮棕壤
			棕壤性土
	湿温淋溶土	暗棕壤	暗棕壤
			白浆化暗棕壤
			草甸暗棕壤
			潜育暗棕壤
			暗棕壤性土
		白浆土	白浆土
			草甸白浆土
			潜育白浆土

续表

土纲	亚纲	土类	亚类
淋溶土	湿寒温淋溶土	棕色针叶林土	棕色针叶林土
			漂灰棕色针叶林土
			表潜棕色针叶林土
		漂灰土	漂灰土
			暗漂灰土
		灰化土	灰化土
半淋溶土	半湿热半淋溶土	燥红土	燥红土
			褐红土
	半湿暖温半淋溶土	褐土	褐土
			石灰性褐土
			淋溶褐土
			潮褐土
			土娄土
			燥褐土
			褐土性土
	半湿温半淋溶土	灰褐土	灰褐土
			暗灰褐土
			淋溶灰褐土
			石灰性灰褐土
			灰褐土性土
		黑土	黑土
			草甸黑土
			白浆化黑土
			表潜黑土
		灰色森林土	灰色森林土
			暗灰色森林土

土纲	亚纲	土类	亚类
钙层土	半湿温钙层土	黑钙土	黑钙土
			淋溶黑钙土
			石灰性黑钙土
			淡黑钙土
			草甸黑钙土
			盐化黑钙土
			碱化黑钙土
钙层土	半干温钙层土	栗钙土	暗栗钙土
			栗钙土
			淡栗钙土
			草甸栗钙土
			盐化栗钙土
			碱化栗钙土
			栗钙土性土
	半干暖温钙层土	栗褐土	栗褐土
			淡栗褐土
			潮栗褐土
		黑垆土	黑垆土
			黏化黑垆土
			潮黑垆土
			黑麻土
干旱土	干温干旱土	棕钙土	棕钙土
			淡棕钙土
			草甸棕钙土
			盐化棕钙土
			碱化棕钙土
			棕钙土性土
	干暖温干旱土	灰钙土	灰钙土
			淡灰钙土
			草甸灰钙土
			盐化灰钙土

续表

土纲	亚纲	土类	亚类
漠土	干温漠土	灰漠土	灰漠土
			钙质灰漠土
			草甸灰漠土
			盐化灰漠土
			碱化灰漠土
			灌耕灰漠土
		灰棕漠土	灰棕漠土
			石膏灰棕漠土
			石膏盐盘灰棕漠土
			灌耕灰棕漠土
	干暖温漠土	棕漠土	棕漠土
			盐化棕漠土
			石膏棕漠土
			石膏盐盘棕漠土
			灌耕棕漠土
初育土	土质初育土	黄绵土	黄绵土
		红黏土	红黏土
			积钙性红黏土
			复盐基红黏土
		新积土	新积土
			冲积土
			珊瑚砂土
		龟裂土	龟裂土
		风沙土	荒漠风沙土
			草原风沙土
			草甸风沙土
			滨海风沙土

土纲	亚纲	土类	亚类
初育土	石质初育土	石灰（岩）土	红色石灰土
			黑色石灰土
			棕色石灰土
			黄色石灰土
		火山灰土	火山灰土
			暗火山灰土
			基性岩火山灰土
		紫色土	酸性紫色土
			中性紫色土
			石灰性紫色土
	石质初育土	磷质石灰土	磷质石灰土
			硬盘磷质石灰土
			盐渍磷质石灰土
		石质土	酸性石质土
			中性石质土
			钙质石质土
			含盐石质土
		粗骨土	酸性粗骨土
			中性粗骨土
			钙质粗骨土
			硅质粗骨土
半水成土	暗半水成土	草甸土	草甸土
			石灰性草甸土
			白浆化草甸土
			潜育草甸土
			盐化草甸土
			碱化草甸土

续表

土纲	亚纲	土类	亚类
半水成土	淡半水成土	潮土	潮土
			灰潮土
			脱潮土
			湿潮土
			盐化潮土
			碱化潮土
			灌淤潮土
		砂姜黑土	砂姜黑土
			石灰性砂姜黑土
			盐化砂姜黑土
			碱化砂姜黑土
			黑黏土
		林灌草甸土	林灌草甸土
			盐化林灌草甸土
			碱化林灌草甸土
		山地草甸土	山地草甸土
			山地草原草甸土
			山地灌丛草甸土
水成土	矿质水成土	沼泽土	沼泽土
			腐泥沼泽土
			泥炭沼泽土
			草甸沼泽土
			盐化沼泽土
			碱化沼泽土
	有机水成土	泥炭土	低位泥炭土
			中位泥炭土
			高位泥炭土

土纲	亚纲	土类	亚类
盐碱土	盐土	草甸盐土	草甸盐土
			结壳盐土
			沼泽盐土
			碱化盐土
		滨海盐土	滨海盐土
			滨海沼泽盐土
			滨海潮滩盐土
		酸性硫酸盐土	酸性硫酸盐土
			含盐酸性硫酸盐土
		漠境盐土	漠境盐土
			干旱盐土
			残余盐土
		寒原盐土	寒原盐土
			寒原草甸盐土
			寒原硼酸盐土
			寒原碱化盐土
	碱土	碱土	草甸碱土
			草原碱土
			龟裂碱土
			盐化碱土
			荒漠碱土
人为土	人为水成土	水稻土	潴育水稻土
			淹育水稻土
			渗育水稻土
			潜育水稻土
			脱潜水稻土
			漂洗水稻土
			盐渍水稻土
			咸酸水稻土

续表

土纲	亚纲	土类	亚类
人为土	灌耕土	灌淤土	灌淤土
			潮灌淤土
			表锈灌淤土
			盐化灌淤土
		灌漠土	灌漠土
			灰灌漠土
			潮灌漠土
			盐化灌漠土
高山土	湿寒高山土	草毡土（高山草甸土）	草毡土（高山草甸土）
			薄草毡土（高山草原草甸土）
			棕草毡土（高山灌丛草甸土）
			湿草毡土（高山湿草甸土）
		黑毡土（亚高山草甸土）	黑毡土（亚高山草甸土）
			薄黑毡土（亚高山草原草甸土）
			棕黑毡土（亚高山灌丛草甸土）
			湿黑毡土（亚高山湿草甸土）
	半湿寒高山土	寒钙土（高山草原土）	寒钙土（高山草原土）
			暗寒钙土（高山草甸草原土）
			淡寒钙土（高山荒漠草原土）
			盐化寒钙土（高山盐渍草原土）
		冷钙土（亚高山草原土）	冷钙土（亚高山草原土）
			暗冷钙土（亚高山草甸草原土）
			淡冷钙土（亚高山荒漠草原土）
			盐化冷钙土（亚高山盐渍草原土）
		冷棕钙土（山地灌丛草原土）	冷棕钙土（山地灌丛草原土）
			淋淀冷棕钙土（山地淋溶灌丛草原土）
高山土	干寒高山土	寒漠土（高山漠土）	寒漠土（高山漠土）
		冷漠土（亚高山漠土）	冷漠土（亚高山漠土）
	寒冻高山土	寒冻土（高山寒漠土）	寒冻土（高山寒漠土）

二、划分原则

（一）土纲

土纲是土壤分类系统的最高单元，是土壤重大属性的差异和土类属性的共性的归纳和概括，反映不同发育阶段中，土壤物质移动累积所引起的重大属性的差异。如铁铝土纲，是在湿热条件下，在脱硅富铁铝化过程中产生的黏土矿物以1：1型高岭石和氧化物为主的一类土壤。把具有这一特性的土壤（砖红壤、赤红壤、红壤和黄壤等）归结在一起，就是铁铝土纲。淋溶土纲是各类土壤以石灰充分淋溶形成的，土壤呈酸性、弱酸性反应，有明显的淋溶黏化过程。钙层土纲各土类均有钙的淋溶淀积成土过程。盐碱土纲是易溶性盐与钠离子在土壤中累积产生的特有土壤性状。

（二）亚纲

在同一土纲中，根据土壤形成的水热条件和岩性及盐碱的重大差异来划分亚纲。亚纲反映控制现代土壤形成过程和强度的成土条件。如将铁铝土纲细分为湿热铁铝土和湿暖铁铝土两个亚纲，两者的差别在于水热条件。又如，盐碱土纲的盐土、碱土两亚纲在盐分累积与钠质化程度上有质的差异等。

（三）土类

土类是在一定的自然或人为条件下产生独特的成土过程及其相适应的土壤属性的一群土壤。同一土类的土壤，成土条件、主导成土过程和主要土壤属性相同。每一土类均要求：具有一定的特征土层或其组合，如黑钙土不仅具有腐殖质表层，而且具有$CaCO_3$积累的心土层；具有一定的生态条件和地理分布区域；具有一定的成土过程和物质迁移的地球化学规律；具有一定的理化属性肥力特征及改良利用方向。

（四）亚类

亚类是土类的进一步细分，反映除主导成土过程以外，还有其他附加的成土过程。一个土类中有代表它特性的典型亚类，即它是在定义土类的特定成土条件和主导成土过程作用下产生的；也有表示一个土类向另一个土类过渡的亚类，它是根据主导成土过程之外的附加成土过来划分的。如褐土中的褐土性土、褐土、淋溶褐土，是依据褐土不同发育阶段划分的；潮褐土是褐土向草甸土过渡类型。再如，白浆化黑土是黑土向白浆土过渡的类型。亚类的土壤发生学特征及改良方向等方面比土类具有更大的一致性。

（五）土属

土属是土壤分类系统中的中级分类单元，是基层分类的土种与高级分类的土类之间的重要"接口"，是具有承上启下的分类单元。土属主要是根据成土母质的成因、岩性等地方性因素的差异进行划分的。对于不同的土类或亚类，选择的土属划分的具体标准可不一样。如可按土壤母质及风化壳类型、水文地质状况、中小地形和人为因素等进行划分。

（六）土种

土种是土壤基层分类的基本单元，它处于一定的景观部位，是具有相似土体构型的一群土壤。土种主要反映土属范围内量上的差异，而不是质的差别。可根据土层厚度、腐殖质厚度、盐分含量多少、淋溶深度、淀积程度等这些量或程度上的差异划分土种。如山地土壤可根据土层厚、砾石含量划分为土种；盐土可根据盐分含量划分为土种。由于同一土种具有一致的理化性状和生物习性，所以其宜耕适种性及限制因素均一致，并且具有一致的生产潜力。

（七）亚种

亚种是土种的辅助分类单元，过去称为变种。它是土种范围内的细分，是土种某些性状上的变异，一般以表层或耕作层某些变化，如耕性、养分含量、质地变异来划分。这些变异要具有一定相对的稳定性。亚种的划分对指导农业生产起到了重要的作用。

中国土壤分类系统的高级分类单元主要反映土壤发生学方面的差异，而低级分类单元则主要考虑到土壤在其生产利用方面的不同。

三、命名方法

中国土壤分类系统采用了连续命名与分段命名相结合的方法。土纲和亚纲为一段，以土纲名称为基本词根，加形容词或副词前缀构成亚纲名称，即亚纲名称为连续命名。如淋溶土纲中的湿暖淋溶土纲是含有土纲和亚纲的名称。土类和亚类又成一段，以土类名称为基本词根，加形容词或副词前缀构成亚类名称，如淹育水稻土、渗育水稻土、潜育水稻土。而土属名称不能自成一段，多与土类、亚类连用，如氯化物滨海盐土是典型的连续命名法。土种亚种也常与土类、亚类、土属连用，如黏壤质厚层黄土性草甸黑土，但各地命名方法、情况有所差别。

第四节　土壤地带性

土壤类型的形成分布与其所处的综合自然环境密切相关，自然条件发生变化，土壤生态也做相应的变化。我国地域辽阔，地质、地貌、气候等自然因素在空间上分异明显，因此土壤分布也具有明显的规律性。土壤在空间上与大生物气候条件的变化相适应而呈带状分布的规律性称为土壤地带性，包括土壤纬度地带性、土壤经度地带性和土壤垂直地带性。

一、土壤纬度地带性

土壤纬度地带性指土壤带和纬度基本平行的土壤分布规律。随着地球接受太阳辐射能自赤道向两极递减，所有的岩石风化、植被景观也呈现规律性的变化，使土壤的形成发育也发生相应的变化规律，土壤的分布就表现出明显的纬度地带性。我国土壤的纬度地带性出现在大陆东部的湿润区（热带－寒温带）气候区，由南而北（由低纬度向高纬度）土壤带是：砖红壤—赤红壤—红壤和黄壤—黄棕壤—棕壤—暗棕壤—漂灰土。

二、土壤经度地带性

土壤经度地带性指土壤带与经度基本平行的分布。由于距离海洋的远近及受大气环流的影响不同而形成海洋性气候、季风气候以及大陆干旱气候等不同的湿度带，这种湿度带基本平行于经度，而土壤亦随之发生规律的分布。我国土壤水平地带性分布规律受山脉走向、大陆外形等的影响。从我国东北部到西北部的广大地域，其气候由温带的湿润季风区，逐渐演变为半干旱、干旱到极端干旱的荒漠，大气干燥度逐渐增加，天然植被依次为草甸－草原、草原、干草原、荒漠草原、荒漠，其土壤带则随之演化为黑钙土、栗钙土、褐土、棕钙土、荒漠土。

三、土壤垂直地带性

土壤垂直地带性指山体高度不同引起生物－气候带的分异所产生的土壤带谱。随地形海拔高度的升高，水热条件发生有规律的变化，岩石风化、自然植被等也发生相应的变化，从而造成土壤分布有规律的变化。山地土壤由基带土壤自下而上依次出现一系列不同的土壤类型，构成一个山地土壤垂直带谱。山体的大小与高低、山地所在的地理位置、坡向与坡度等都影响着土壤的发育分布，因而土壤的垂直地带谱的类型和结构是复杂多样的。处在不同地理位置的山地土壤，由于基带生物气候条件的差异，土壤的垂直地带谱类型不同。例在热带、亚热带湿热地区，垂直带谱由下而上是砖红壤和红壤—黄壤和灰化黄壤—黄棕壤和棕壤—暗棕壤或灰土、漂灰土；或：红壤—山地黄壤—山地黄棕壤—山地棕壤或山地暗棕壤—山地草甸土；如在温带半湿润区垂直带谱由下而上是：黑钙土—山地棕壤—高山草甸土。

四、土壤分布区域性

在水平土壤带内，由于地貌、水文、母质等因素的影响，土壤分布有所差异，称土壤分布的区域性，如东北平原盐碱土区、草甸黑土区、红壤带的滨海盐土、紫色土、红砂土等。

【本章主要知识点】

1. 全面理解五大成土因素对土壤形成的影响。
2. 掌握中国土壤分类系统的划分原则。

【思考题】

1. 土壤分布为什么具有地带性规律？
2. 简述中国土壤分类系统的分类单元、命名方法。

第九章

红　壤

我国热带、亚热带地区，广泛分布着各种红色或黄色的土壤。由于它们在土壤发生和生产利用上有共同之处，统归为红壤系列。因此，广义红壤包括砖红壤、赤红壤、红壤、黄壤等土类，属铁铝土纲。红壤广泛分布在中国的广东、广西、湖南、江西、福建，浙江、台湾等地，及云南、贵州的绝大部分，也包括四川、湖北、安徽的一部分，是多种经济林、水果、药材的产地，在我国土地资源中占有重要的位置。它是我国分布最广、种类最多的、资源极为丰富的、生产潜力很大的土壤类型之一。

第一节　红壤的成土条件

一、气候

红壤分布地区属湿热的热带和亚热带气候，其特点是夏季炎热而潮湿，有短期的旱季，年降雨量在 1200 ~ 2000mm，年平均温度在 16 ~ 25℃，年平均相对湿度大多在 75% ~ 88%。湿热的气候可促进岩石矿物的强烈风化和淋洗，因而表现为风化壳深厚，原生矿物风化迅速而较彻底，母质及土体受淋溶作用强。

二、地形

红壤所处的地形为丘陵地和山地，高凸于河谷及平原，地面排水条件好，地下水位低，有利于淋溶作用的进行，而且不受地下水回润土壤的"复盐基"作用的影响。

三、植被

红壤的天然植被为森林（常绿阔叶林），生长旺盛，植物有机体的年增长量比较大，每公顷可达几十吨到一两百吨。在原始森林保存的情况下，林下有机残体虽遭微生物强力分解而矿化，但仍有相当多的有机质积累于表土。若天然森林被严重破坏，则红壤表土的有机质含量低，将严重影响红壤的肥力。我国大面积红壤遭侵蚀严重，有机质层薄或全部冲砂成为"断头"红壤，大大降低了红壤资源的质量。

四、母质

红壤的母质，既有各种基岩的风化体，如砂岩、砾岩、花岗岩、石灰岩、玄武岩等，又有古老洪积、冲积物形成的第四纪红色黏土；既有近代风化沉积体，又有古风化壳及古侵蚀面；既有浅色矿物占绝对优势的酸性岩石风化体，又有黑色矿物含量很高的基性岩风化体。故母质种类多，造成了红壤发育度的多样性。

五、时间

我国红壤带受第四纪冰川破坏少，风化–成土过程的历史特别长，故经常可见深厚而完整的风化壳（第四纪红土）。较陡的丘陵地，因人为破坏天然植被，土壤冲刷严重，而保持着红壤发育的幼年红壤。

红壤所在地区大多高温多雨、植被茂密；冬季温暖干旱，夏季炎热潮湿，干湿季节明显。红壤的形成过程实际上是在上述生物、气候条件下，土壤中富铁铝化和生物富集相互作用，产生了以富铁铝化为其综合特征的各个土类。

第二节　红壤的富铁铝化过程

一、富铁铝化是红壤的主要成土过程

氧化铝和氧化铁在成土过程中的富集（主要在黏粒部分富集）称富铁铝化。它指岩石矿物和土壤固相部分的矿物质在湿热气候带下遭受强烈风化和淋溶，母质及土体中的硅酸盐和铝硅酸盐类水解，而不断损失硅酸和钙、镁、钾、钠等盐基成分，使在中性和微碱性介质中不活动的铝、铁、锰、钛氧化物的相对含量不断提高。氧化铝的相对含量的提高，尤其能反映这一成土过程的特点。铝不能被还原而移动，铝的氧化物仍处于不活动状态，所以，氧化铝在成土过程中的富集（主要是在黏粒部分的富集）就称为富铝化。它是红壤发育的重要标志。富铝化过程中，土壤黏粒的硅铝率不断减小。

二、黏粒硅铝铁率是富铁铝化的指标

黏粒硅铝铁率，又称Saf值，指土壤黏粒中的氧化硅与氧化铝、氧化铁的摩尔比率，以$SiO_2/(Al_2O_3+Fe_2O_3)$表示。一般情况下，硅铝铁率（Saf值）愈小，表明土壤风化淋溶度愈强，土壤胶体阳离子交换量越小。黏粒的硅铝率（Ki值）指黏粒中SiO_2/Al_2O_3分子数比。Ki值越小，表示土壤富铝化程度越高。不同矿物的硅铝率是不同的，一般高岭石Ki值=2，伊利石Ki值=2～3，蒙脱石Ki值＞4。故根据硅铝率可粗略地判别黏土矿物的类型。有人提出，Ki值小于2可以作为红壤发育的重要指标。Ki值小于2，表示风化液中的硅酸含量不能满足高岭石形成的需要，在这种情况下，土壤黏粒中可以出现游离的Al_2O_3。游离的Al_2O_3出现在土壤中，常被看作红壤化高度发育的特征。如，一般认为Ki值在2.0～2.2的为红壤，Ki值在1.5～2.0的为砖红壤。但是，土壤是多因素影响下变化的客体，这种单一的化学指标并不能完全反映红壤的发育度。

第三节　红壤的剖面构造

红壤剖面以呈均匀的红色而见称（在黄壤类则以均匀的橙黄色为主），但红色的深浅却不能表示红壤发育程度的高低，因为母岩种类和造岩矿物性质对剖面颜色的影响很大。红壤剖面包括三个主要发生学土层（即红壤的土体构型），其剖面发育类型为A–[B]–C型。

一、A层为腐殖质层

在未遭破坏的红壤剖面中，这层厚度可达30cm以上，有机质含量可达7%以上。但我国大部分红壤的天然植被受到破坏，A层的厚度及腐殖质的含量都没有这么高，大多数红壤只有10～20cm，腐殖质含量仅1%～2%。

二、B层为红色铁铝残余积聚层

该层是红壤剖面的典型发生层，厚度可达0.2～2m及以上，呈均匀的红色或棕红色。该层碱金属（钾、钠）、碱土金属（钙、镁）元素和硅酸遭到淋溶损失。B层普遍表现出富铝化和残积黏化，紧实黏重，其强度以砖红壤最高。这一土层土壤呈核块状结构，常有铁、锰胶膜和胶结层出现。红壤的B层，不像其他土类如灰化土的B层那样是真正的淀积层。它是由于硅酸等物质的淋溶，造成了铁、铝相对含量的增大，故称残余积聚层，而用[B]表示。

三、C层为母质层或红色风化壳

此层可厚达几米到几十米。这种红色风化壳大部分是残积风化壳，但也有被搬运与再沉积改造过的。风化壳的颜色是红、棕红或橙红，并有灰、黄、白等杂色斑块。它的黏粒组成中有明显的富铝化特征和高岭土化特征。部分红壤剖面具有红黄交织的网纹和铁锰结核层，以第四纪红土发育的红壤剖面下部网纹较多。这可能是在古代湿热气候条件和水成作用下的氧化还原过程中生成的，并非现代风化淋溶的红壤化过程产物。

第四节　红壤的基本性质

在自然植被下红壤表土的有机质含量是不低的，但红壤开垦后，有机质含量明显下降。红壤表土层的腐殖质含量一般仅为 1% ～ 2%，此层厚度常不足 10cm，这主要是地面植被破坏而造成的。在红壤的腐殖质组成中，富啡酸占很大比例，胡敏酸占的比例小。胡敏酸与富啡酸之比（H/F），通常在 0.5 左右，低的只有 0.1 ～ 0.2，个别高的达 0.8 左右。红壤的胡敏酸分子结构也较别的土类简单，分散型和碳氮比都较大，对阳离子的吸收性较弱。在未熟化的红壤中，腐殖酸常以游离状态存在，或与氧化铁、氧化铝结合，而与钙、镁离子结合得不多。在耕作熟化过程中，与钙、镁结合的胡敏酸有逐渐增加的趋势。

红壤富铝化作用显著，风化程度深，质地较黏重，尤其在第四纪红色黏土上发育的红壤，黏粒可达 40% 以上。红壤黏粒部分的硅铝铁率为 0.5 ～ 1.4。次生矿物以高岭石类为主，一般可占黏粒部分的 80% ～ 85%；其次是氧化物，如赤铁矿含量常在 5% ～ 10%；也会有水云母，在砖红壤中也可见三水铝石。红壤多呈强酸性，大部分 pH 在 5.0 ～ 5.5，底土 pH 可低至 4.0，故其 pH 剖面是上段高，下段低。由于红壤的 pH 低，铝离子易活化进入土壤胶体中，所以红壤的潜性酸很强，并以交换性铝为主要的潜性酸，盐基饱和度低。大量活性铝离子出现于红壤溶液中，能直接危害作物。红壤的阳离子交换量低，因其腐殖质含量低，且黏粒矿物又以带负电较少的高岭石类为主，阳离子交换量一般只有 5 ～ 8cmol(+)/kg。

由于腐殖质含量低，品质又较差，加上钙质缺乏，所以我国大部分红壤缺少水稳性团粒结构。红壤的黏粒含量很高，往往形成块状结构体，干时坚硬，湿时黏糊，对耕作不利。但红壤富有铁、铝氢氧化物胶体，具有一定的黏结力，在一定的条件下能使黏土胶结成微团聚体，对水分和空气的流通有利。自然干燥时，其土体显示松脆性。

第五节 红壤的开垦利用

红壤分布于热量充足、雨量丰富的气候带，适于发展林业、农业和牧业，低丘红壤是茶、果、桑等经济作物及粮食作物基地。红壤总体的特征是酸、黏、瘦，所处的地形、地势为丘陵、山地和高原。因此在红壤开发利用中，应分析低丘红壤的有利和不利因素，科学谨慎地对待。如土瘦、易旱是红壤的主要特点，而所处地势比较平缓开阔，便于大片开垦造田，还可以引用大山区的溪水灌溉是它的重要优点。低丘红壤种类较多，应因土制宜地划分易农、易林和易于造园的地片，提高土地利用率，根据垦区的生态平衡关系，合理地安排农垦和林垦地段，建成良田化的农垦区和造林绿化区，以利水土保持和调节近地层气候，达到农作物高产稳产和农林牧副全面丰收的目的。

红壤的改良措施主要是植树造林、平整土地、客土掺砂、加强水利建设、增加红壤有机质含量、科学施肥、施用石灰、采用合理的种植制度等。如可以增施氮、磷、钾等矿质肥料（氮肥宜用粒状或球状深施）提高土壤肥力；施用石灰降低红壤酸性；合理耕作，选种适当的作物、林木，种植绿肥；旱地改水田，减少水土流失有利于有机质积累，提高红壤生产力；保护植被，防止侵蚀。坡度大于25°的陡坡应以种树种草为主；小于25°的坡地，根据陡缓状况，修建宽窄不等的等高梯地或梯田种植。红壤的适种性广，一般可以种植稻米、茶、桑、果、菜。山地还适于种植各种用材林和经济林木。红壤的酸性强，土质黏重是红壤利用上的不利因素，可多施有机肥，适量施用石灰和补充磷肥。红壤速效磷普遍缺乏，增施磷肥并提高其利用率是一项重要的农业增产措施。

【本章主要知识点】

1.理解红壤系列的成土条件。

2.掌握红壤的基本性质。

【思考题】

从土壤角度分析制约红壤发展的主要因素。如何对红壤进行利用与改良？

第十章

水稻土

水稻生产在我国具有长期历史和重要的地位。水稻是世界上主要粮食作物之一，世界总人口一半以上以稻米为主食。水稻土的分布地区与水稻栽培地区基本一致，亚洲水稻栽培面积占全世界水稻栽培面积的95%以上，尤其集中在东亚和东南亚，如中国、越南、印度尼西亚、马来西亚、泰国等。我国有七千多年的稻作历史。我国稻田占耕地面积的25%左右，但稻谷产量却占粮食产量的40%以上。我国水稻土几乎遍及全国，从热带到寒温带，从季风区到内陆干旱区，从滨海平原到海拔2400m的高原均有分布。但是，90%以上的水稻土分布在秦岭–淮河一线以南的广大平原、丘陵和山区。其中以长江中下游平原、四川盆地、珠江三角洲和台湾西部面积最大，因此所形成的水稻土种类比较复杂。

第一节　水稻土剖面的发育

水稻土（paddy soils）是各种起源土壤（母土）或其他母质经过平整造田和淹水种稻，进行周期性灌溉、排水、施肥、耕耘、轮作下逐步形成的，具有明显的水耕表层及独特理化性状的一类特殊土类。因水稻土剖面各部分的水分状况及氧化还原状况不同，在其长期成土过程中形成颜色、结构和化学性质不同的土层。分化明显的水稻土剖面，自上而下可看到发育特征不同的五个层段，即淹育层、犁底层、渗育层、潴育层和潜育层。

一、淹育层

淹育层是水田的耕作层。它在种稻期内处于淹水条件。因带水耕耙，土壤被充分拌糊，使土粒分散。受施肥影响，该层常含有大量的新鲜有机质，微生物活动十分频繁；但因处在淹水条件下，该层氧的供应受很大限制，故多为厌氧或兼性厌氧微生物活动。其土壤呈强还原性，显示蓝、灰或棕灰色。但在淹育层的顶部与水层接界处，其 E_h 值大大超过下面的蓝灰色部分。因此，淹育层实际上包括两部分，即强还原性的基本土层和表层氧化薄膜层。淹育层的蓝灰色土体，是土壤中的游离铁、锰氧化物被还原成低价态铁、锰化合物引起的。当排水落干后，土体中淀积高价铁、锰氧化物，呈鲜红色，通称为"鳝血土"。因为水田经常施用大量的有机肥，可在淹育层产生大量的活性亚铁化合物和有机络合态铁，当水层缓缓落干时（如搁田、烤田）被氧化生成高价氧化铁、针铁矿、胡敏酸铁，都呈鲜红色。所以"鳝血土"反映了淹育层的强烈氧化还原过程，也是土壤肥沃的标志。在水稻土的长期发育过程中，淹育层始终处于淋溶作用下，不断有物质从此层迁移到下层，所以它实质上是一个淋溶层。

二、犁底层

犁底层又称亚表土层，是位于耕作层以下较为紧实的土层。这一层是耕作时受到犁的挤压和降水时黏粒随水沉积形成的。但该层的物质淋出多于加入，没有黏化现象，实际上是一个淋溶层（部分为人造形成的）。该层厚度一般为 10cm 左右，容重大（$1.3 \sim 1.4 g/cm^3$），结构为大棱块状，主要作用是防止漏水漏肥。

三、渗育层

渗育层段紧接犁底层下部，是一个有一定厚度和构造的发生层。这是在季节性灌溉水渗淋条件下形成的。从土壤剖面中物质的移动情况来看，一部分分散于淹育层水分中的悬浮物质或胶体以及可溶性物质在渗漏移动过程中淀积下来。所以渗育层虽以渗漏作用为主，但也有一定的淀积过程，与淹育层的淋溶作用相对立。因此，此层进一步可分为两种情况：一种是淋溶作用不强，铁、锰就地分化，仅见有微弱的铁纹、锈斑。在一定条件下，此层可以发展为斑纹层或水耕淀积层。另一种是在强烈淋溶作用下形成的，黏粒和铁、锰含量比较少，呈浅灰色，此层通常称为白土层。

渗漏水携带的物质可在渗育层淀积的原因是，稻田的灌溉水是受人为因素影响的，不同时期的渗漏强度有较大变化，而且时断时续，从而引起悬液和溶液的浓度发生变化，进而可能发生淀积。由于胶体慢慢淀积于渗漏的孔道或裂隙中，渗育层的土体可被分割为碎块结构，结构体的裂面则被胶膜覆盖，呈亮灰色。碎块结构的断面上有黄黑的铁锰杂斑或污点。

四、潴育层

潴育层是渗育层段下方的发生层段。水在土壤剖面中并不都是以相同的速度穿过各个土层的，在有黏土夹层或其他密实层出现的地方，或在临时地下水位活动层附近，渗漏水就会暂时被阻滞。土层中有了这种潴滞水，就可促进厌氧和兼性厌氧微生物活动，使土体呈还原态。当上部向下的渗漏水减弱或停止，以及临时地下水位下降时（搁田、旱作、降雨停止等），该土层的潴滞水就逐渐消失，好气微生物活动逐渐增强，氧化还原电位增高，使土体转成氧化性。在这种间歇性还原和氧化更替的土层中，就产生了与渗育层段不相同的物质转化和移动。在滞水潴育时，土壤中的游离铁、锰氧化物以活性低价化合物形态存在，使土体呈蓝灰色或紫灰色。滞水消失后，土体的氧化还原电位升高，低价铁、锰转呈高价，而以棕红色氢氧化铁或针铁矿等化合物沉淀下来。锰以褐色的氧化锰以及水化物沉淀。所以，潴育层的铁、锰斑，常积聚在土壤结构体的自然裂面上，呈红棕色，结构体的断面则常呈蓝灰或暗黑色，这是潴育层显著的形态特征。潴育层的铁、锰呈叠加淀积。

五、潜育层

该层常年处在地下水位以下。长期受地下水浸渍而处于缺氧条件，该层发生了潜育化作用。其矿质部分的铁、锰氧化物被还原，而显现蓝绿色或青灰色。这一土层出现部位的高低是显示水稻土质量的标志之一。在排水良好的肥沃水稻土中，往往在水耕淀积层以下（距地面70～80cm或更深）才出现潜育层；排水不良的水稻土耕层以下便出现潜育层；常年积水田潜育层出现的部位可高到地表，且形成土粒高度分散、厚度较大的烂泥田。此层中还原性物质聚积，不利于水稻生长，而成为不良水稻土。

不同的水稻土上述五个层段在剖面中的组合状况不同，各层段发育不同。有的以某一层段占优势，有的缺失某些层段，情况十分复杂。依据水分的影响程度、特殊的地形或地理位置，将水稻土划分为八类，分别是淹育型、渗育型、潴育型、潜育型、脱潜型、漂洗型、盐渍型和咸酸型。但国内外，目前对水稻土的认识与分类仍不尽统一。

第二节 淹水土壤的化学过程与养分状况

一、氧气减少和消失

在淹水土壤中，对植物营养有重要意义的氧化还原体系都受淹水后所发生的缺氧条件的影响。水稻田缺氧条件形成的原因如下：稻田淹水排除了淹育层原来土壤中的空气；水层阻隔了大气向土壤的扩散；通过渗漏水带入土壤的氧气微不足道，远不能满足土壤微生物耗氧的需要；如稻田杂草中的藻类等的光合作用释氧量极有限，而水稻根的泌氧则只限于根表微域，都不足以阻止淹育层还原作用的发展。所以，稻田淹育层土壤经常处于氧气枯竭的缺氧条件。通常稻田土壤在淹水 75 分钟后氧气降至原来的 1%，在一天内接近 0，而二氧化碳含量增加。

二、E_h 值下降及氧化态化合物依次还原

淹水土壤中的氧气，作为土壤微生物细胞呼吸的一种电子受体很快消失。氧气消失后，由于兼性和专性厌氧微生物继续活动需要电子受体，就会导致若干氧化性土壤组分的还原。这些氧化性土壤组分按以下顺序而被还原。第一，在淹水土壤中，首先被还原的是分子态 O_2，当 O_2 被还原后，NO_3^- 就为兼性厌氧微生物所利用，并迅速减少。NO_3^- 的还原实际上在 O_2 完全去除之前就已开始，但 NO_3^- 的全部去除，只有到 O_2 全部耗尽时才会出现。土壤中的高价锰（Mn^{4+}）的还原稍落后于 NO_3^- 的还原，但高价锰化合物被还原成低价锰却开始发生在 O_2 和 NO_3^- 的还原期间。总之，O_2、NO_3^-、Mn^{4+} 的还原部分是交迭发生的。第二，下一个被还原的体系是高价铁离子（Fe^{3+}）。它在溶液中还存在 O_2 或 NO_3^- 是不被还原的，Fe^{3+} 的还原也是由兼性厌氧细菌进行的。第三，再进一步还原就涉及 SO_4^{2-}、CO_2 等体系的还原了。但它们与前述各氧化还原体系不同，分别由专性厌氧细菌来承担。

三、土壤的酸碱反应趋于中性

多数土壤在淹水后都会发生 pH 的改变。土壤的酸碱反应均趋于中性，即酸性土壤的 pH 有所升高，而碱土和石灰性土的 pH 有所下降。它们所达到的平衡 pH 在 6.5～7.0。酸性土壤淹水后的 pH 变动是铁、锰氧化还原体系中的 Fe^{3+}、Mn^{4+} 还原耗氧，以及 H^+ 和 CO_2 的产生等引起的。高价铁、锰还原时，消耗了溶液中的 H^+，提高了土壤的 pH。淹水土壤中铁锰氧化物的还原方程式如下：

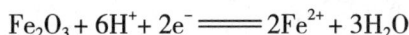

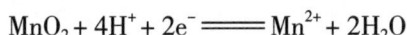

$$Fe_2O_3 + 6H^+ + 2e^- \longrightarrow 2Fe^{2+} + 3H_2O$$

$$MnO_2 + 4H^+ + 2e^- \longrightarrow Mn^{2+} + 2H_2O$$

这两个反应都涉及H^+和电子的消耗，使酸性土壤的pH升高而达到中性范围。因此，可还原的铁、锰含量高（尤其是铁）的土壤，可分解有机质较丰富的酸性土壤，在淹水时它们的pH将显著提高。但是，如果酸性土的可还原铁、锰很低，即使其含有较多有机质，淹水后它的pH也不可能达到中性范围。酸性土壤淹水还原时转成中性反应，这对土壤中很多养料的转化有影响，从而影响植物的生长。碱土和碱性土壤淹水后，兼性厌氧微生物分解有机质产生了CO_2，接着形成碳酸并解离为H^+和HCO_3^-，使这些土壤pH降低而趋于中性。

四、还原物质的形成和积累

土壤中的铁以高价铁存在时，极难溶于水。但是在水田渍水期间，高价铁被还原为低价铁，从而提高了其溶解度；土壤中亚铁离子的浓度与土壤E_h呈明显的负相关。水田土壤中铁的还原与有机质的无氧分解以及淹水时间的长短有关。排灌措施对土壤溶液中低价铁含量也有很大的影响。水田土壤中出现一定浓度范围的低价铁是对水稻生长发育有利的，可活化磷酸盐、防止硫化氢中毒，且水稻本身也需要一定的铁营养等。

但是，低价铁、锰浓度过高则对水稻生长有毒害。当低价铁达到一定数量后，水稻甚至死亡。一般认为，冷浸田亚铁含量过高是造成水稻各种病态的原因之一。此外，渍水土壤有机质分解产生有机酸如乙酸、丙酸、丁酸、乳酸、丁二酸等，积累到一定浓度时也将对水稻根系产生毒害。铁和有机酸的毒害阻碍水稻对钾、硅等的吸收，而低价铁、硫化物等进入根系，引起水稻生理失调，进一步降低了水稻根系的活性。

五、土壤氮素形态转化

水稻土有利于有机质的积累，与旱作土壤相比，其腐殖化系数也高。因为有机质含量高，水稻土的氮素营养主要来自土壤。已有研究表明，在施氮肥的情况下，水稻吸收的氮素60%～80%来自土壤，20%～40%来自化肥，可以看出水稻土培肥的重要意义。

在旱作土壤中，有机质矿化生成NH_4^+—N，进一步在氧的作用下，经亚硝酸细菌和硝酸细菌的硝化作用转化形成NO_3^-—N；在淹水条件下，有机质转化的主要的结果是形成NH_4^+—N；但在淹育层表膜氧化层中有NO_3^-—N的形成。在淹水条件下，NO_3^-—N可进一步通过反硝化作生成N_2O、NO和N_2。

六、土壤磷有效性增加

在旱地条件下，磷通常以磷酸高铁、磷酸铝或磷酸钙等形式存在，它们对植物的有效度很低。当土壤淹水时，土壤中的磷酸铁盐中铁被还原，其溶解度增加。且淹水后土壤pH提高，也增加了磷酸铁和磷酸铝的水解。黏土矿物表面的铁膜还原溶解，可释放闭蓄态磷。另外，有机质分解产生的有机酸可络合铁、铝磷酸盐活化磷。因此，当土壤淹水时，磷酸盐的有效度有所提高。

【本章主要知识点】

1.了解水稻土剖面的发育状况。

2.掌握水稻土的基本性质。

【思考题】

什么是水稻土？如何培育高产水稻土？

第十一章
浙江省主要土壤类型

根据土壤形成因素学说，各类土壤在其成土因素综合作用下有着不同的形成过程，分别产生了不同的具体形态和性质。据此，我们可以把它们区分为各个大的类别，称为"土类"，以下逐级分为亚类、土属、土种和亚种，构成五级制分类系统。在浙江省分布较广主要有十个土类，即铁铝土纲的红壤、黄壤，初育土纲的紫色土、石灰岩土、粗骨土、基性岩土，半水成土纲的潮土、山地草甸土，盐碱土纲的滨海盐土，人为土纲的水稻土。

浙江省土壤类型因受自然条件和人类生产活动影响，有着明显的地域分布特征。根据地貌类型与土壤类型的耦合分布关系，全省可分为滨海滩涂区、河网平原区、河谷盆地区和丘陵山地区等4个土壤地域类型。浙西北、浙西南和浙东丘陵山地区土壤以红壤、黄壤、水稻土为主；浙北水网平原和浙东南滨海平原以水稻土为主；滨海平原的外缘狭长地带为潮土和滨海盐土；红层盆地分布紫色土；浙西北丘陵山地为石灰（岩）土；粗骨土比较集中地分布在浙东、浙西南山地区。

一、红壤

红壤分布在浙北海拔500m以下和浙南海拔800m以下的丘陵地，是全省面积最大的土壤资源，为发育较好的铁铝土，占全省土壤总面积的40.06%，主要分布在杭州、丽水、温州、台州、衢州、金华及绍兴等地区。土层深厚，一般在70cm以上，厚者可以达到1～3m及以上。红壤呈强酸性，表层pH在5.0～5.5。质地黏重，多属黏土或壤质黏土，表土层黏粒含量为30%以上。土壤矿物质的风化度高，粉黏比一般大于0.8，黏粒矿物以高岭石为主，伊利石次之。由于富含游离铁铝氧化物胶结的微团聚体，其质地虽黏但土体在自然干燥后显松脆多孔性，抗雨水冲刷性较强。

底土常有红白网纹层。红壤土类可进一步划分为红壤、黄红壤、红壤性土、饱和红壤及棕红壤5个亚类。往往因开垦，红壤亚类表土有机质层很薄。因此，若按土壤养分含量来评价，这些土壤都属于瘦瘠型土壤。但它们具有较深厚的土体，较强的抗蚀性能，较平坦和开阔的地形和优良的大气、水热条件，所以在农业利用上有广阔的前景，是我省重要的土壤资源之一。我省红壤亚类的代表性土壤是黄筋泥和红黏泥，它们都具有"黏、厚、酸、瘦"的特点。但这两个土属的母质不同，具体的理化性质也存在着一些差别。黄筋泥的母质是古红土，红黏泥的母质是玄武岩等基性岩。

二、黄壤

浙江省的黄壤类只有黄壤一个亚类。黄壤与红壤类的主要区别在于所处的地势高于红壤，土壤湿度高于红壤，终年较湿润，缺少旱季，土体中残余积聚的铁氧化物胶体不易脱水，赤铁矿化过程得不到充分发展，使土体不以红色占优势。黄壤主要分布在浙北海拔500m以上和浙南海拔800m以上的中山或低山中上部；以浙西丘陵山地和浙南山地分布面积较大。黄壤的母质层风化很差，母岩特性较明显，土体较坚实，缺乏多孔性和松脆性，土体厚度较红壤为薄，土体厚度在40～50cm。质地一般多为粉砂质壤土或黏壤土，比红壤质地较粗，粉砂性较显著，粉黏比为1～3。黄壤呈强酸性，pH多在4.5～5.0。黏粒矿物以蛭石、绿泥石及高岭石为主，伴有伊利石和石英。有机质含量高，一般在3%～4%，有的常含有10～20cm厚的腐殖质层。这些土壤宜发展用材林和毛竹，也可发展高山茶叶，切忌滥垦种植农作物。

三、紫色土

紫色土是浙江省低丘土壤中的重要土壤类型，广泛分布于低丘盆地，常与黄筋泥交错分布，分石灰性及酸性紫色土两个亚类。紫色土主要分布于金衢、永康、新（昌）嵊（州）、天台、仙居、丽水等地红色盆地内的丘陵阶地上，占全省土壤总面积的3.54%。紫色土系发育于紫色岩层风化母质的土壤，成土时间一般较短，土壤发育极为微弱，土体浅薄，一般不足50cm，显示粗骨性。土壤性状受母岩母质影响较大。从砂质壤土至壤质黏土，粉黏比在0.8～1.6，粉砂性较突出。土壤结持性差，易遭冲刷，水土流失严重。土壤pH随母质而异，一般在4.6～8.9。它的紫色十分稳定，经多年耕作影响均不改变。黏粒矿物组成以伊利石为主，其次为高岭石、蛭石、蒙脱石。紫色土矿物丰富，矿质营养元素较多。

四、石灰土

石灰土主要分布于浙西丘陵山地区，母岩为碳酸盐类岩石。因受地质构造控制，石灰土大多呈条带状分布，占全省土壤总面积的 1.64%。土体浅薄，平均土体厚度为 56cm，土壤与母岩接触界面清楚，土色随岩性而变，以黄、棕、黑三色为主。土块核粒状结构体发达，油蜡状胶膜较明显，使土块油光发亮。石灰土常含有一定量的砾石碎片，但细土部分质地仍较黏重，多为黏土或壤质黏土，表土呈中性至微碱性反应，随石灰土的成土环境不同而变化。黏粒矿物组成以伊利石为主，伴有蛭石和少量高岭石等。石灰土可细分为黑色石灰土和棕色石灰土等亚类。

五、粗骨土

粗骨土广泛分布于河谷、丘陵、低山和中山等地貌，多处于植被十分稀疏和陡坡地段，占浙江省土壤总面积的 14.09%，以丽水、金华、温州等地区分布较广。粗骨土的母质为各种岩类的残积物，土体浅薄，A+C 层厚度平均为 52cm。细土质地为砂质壤土至砂质黏壤土，土体中 2/3 为砾石和砂粒，显粗骨性。粗骨土的反应呈强酸性、酸性，少数呈微酸性，pH 多数在 4.5～5.9。土壤片蚀严重。粗骨土是一类生产性能不良的土壤，一般不宜农用。局部坡麓及平缓地段已开垦种植薯类、谷类、豆类、芝麻等耐旱的粮油作物或果、茶等经济林木，但一般产量不高。特别是有些地方盲目垦荒，顺坡种植，全垦造林，挖树根、刨草皮等不合理的利用已造成水土流失加剧，又不得不撂荒弃耕。所以当前仍以疏林灌丛草地或裸地为多，有待治理合理利用。粗骨土分布广泛，应根据各地的气候、地形以及社会经济状况，因地制宜地加以治理，在有保护措施条件下，合理利用土壤资源。

六、潮土

潮土是河流沉积物受地下水运动和耕作活动影响而形成的土壤，因有夜潮现象而得名。绝大多数潮土分布于滨海平原、水网平原和河谷平原地区，占全省土壤总面积的 3.8%。其中嘉兴、湖州、宁波、杭州等地为潮土的主要分布区。潮土的母质为洪积、冲积、冲海积及海积沉积物，是在经历脱盐淡化、潴育化和耕作熟化过程后形成的。耕作历史长久的潮土，耕作层一般厚 10～15cm，老菜园土耕层可达 20cm 以上。质地变化大，从砂质壤土至黏土均有，在钱塘江口和杭州湾两岸以砂质壤土至粉砂质壤土为主；滨海、水网平原和部分河谷平原，质地均一，一般无砾石。潮土的 pH 变化大，河谷平原区在 5.5～7.0，水网平原区在 6.0～7.5，滨海平原区在

6.6～8.5。河谷、水网平原区的潮土均无石灰性反应；滨海平原区的潮土处于脱盐、脱钙过程，1m土体含盐量平均小于0.1%；滨海平原外缘的潮土有明显的石灰性反应。

七、滨海盐土

滨海盐土由近代海相或冲海相沉积物发育而成，占全省土壤总面积的4.1%，主要分布于杭州、宁波、温州、台州等地区。本类土形成历史短、剖面发育差，土壤表层积盐重，心土、底土含盐量亦高。表层含盐量多为0.6%～1.0%，高者2%～3%或更高，下层亦在0.4%～0.8%。盐分组成以氯化钠为主，氯离子占阴离子总量的80%～90%，一般pH为8.0～8.5，呈碱性反应。土壤质地变化大，是全省各类土壤中跨度最大的一个土类。黏粒矿物以伊利石为主，其次有高岭石、蒙脱石、蛭石、绿泥石等。筑堤建闸、开沟排水、种植绿肥、植树造林、间套轮作等都是滨海盐土有效的改良措施。引水种稻，更能加速海涂的改良利用。

八、水稻土

水稻土为浙江省最重要的耕作土壤，分布广泛，以杭嘉湖、宁绍、台州、温州等地区最为集中，山间谷地及缓坡地段也有分布，占全省土壤总面积的21.95%。根据水稻土土体内的水分状况和特征层的基本形态特征，可分为潴育、淹育、渗育、脱潜和潜育等亚类。其中淹育水稻土散布于低山丘陵岗背或缓坡地上；渗育水稻土分布于河谷平原的河漫滩及低丘阶地上，其母土主要是潮土，部分为红壤；潴育水稻土主要分布于水网平原及滨海平原区，母土主要为平原区潮土，部分为其他土壤再积物；脱潜水稻土主要分布于水网平原内地势稍低处，母质为湖（海）相沉积物；潜育水稻土主要分布于水网、滨海、河谷平原内地势低洼处，母土为黄壤、红壤的再积物、冲积物、湖海（沼）相沉积物等。

【本章主要知识点】

了解浙江省的主要土壤类型及分布。

参考文献

[1]黄昌勇，徐建明.土壤学.北京：中国农业出版社，2012.

[2] 中国农业百科全书总编辑委员会，畜牧业卷编辑委员会，中国农业百科全书编辑部.中国百科全书（土壤卷）.北京：农业出版社，1996.

[3]关连珠.普通土壤学.2版.北京：中国农业出版社，2016.

[4]全国土壤普查办公室.中国土壤.北京：中国农业出版社，1998.

[5]熊毅，李庆逵.中国土壤.2版.科学出版社，1987.

[6]陆景冈.土壤地质学.北京：地质出版社，1997.